高等职业院校规划教材

色谱分析技术

伍惠玲　漆寒梅　主　编
党铭铭　田雁飞　副主编

SEPU
FENXI
JISHU

·北京·

内容简介

本书内容包含三个模块：一是气相色谱分析技术，包括色谱分析法基本知识，色谱图的认识，定性与定量分析，气相色谱仪的结构，固定相及检测器。二是液相色谱分析技术，包括高效液相色谱仪的结构，液相色谱主要类型，离子色谱及薄层色谱分析技术。三是质谱分析技术，包括质谱法原理，质谱仪的结构及色谱质谱联用技术。

本书可供石油化工类、食品、药物分析检验，生物和环境类高职高专在校学生使用，还可供从事分析检验的中、高级分析技术人员参阅。

图书在版编目（CIP）数据

色谱分析技术/伍惠玲，漆寒梅主编. —北京：化学工业出版社，2021.2（2023.4重印）

ISBN 978-7-122-38155-2

Ⅰ.①色… Ⅱ.①伍… ②漆… Ⅲ.①色谱法-化学分析-高等职业教育-教材 Ⅳ.①O657.7

中国版本图书馆CIP数据核字（2020）第243323号

责任编辑：蔡洪伟 朱 理　　文字编辑：陈 雨

责任校对：刘 颖　　装帧设计：王晓宇

出版发行：化学工业出版社（北京市东城区青年湖南街13号 邮政编码100011）

印　　装：大厂聚鑫印刷有限责任公司

787mm×1092mm 1/16 印张$7\frac{1}{2}$ 字数186千字 2023年4月北京第1版第2次印刷

购书咨询：010-64518888　　售后服务：010-64518899

网　　址：http：//www.cip.com.cn

凡购买本书，如有缺损质量问题，本社销售中心负责调换。

定　　价：30.00元

前 言

“仪器分析”课程在高职教学体系中占据非常重要的地位，它是高职工业分析技术、农产品加工与质量检测、煤化工分析与检验、食品检测技术等专业的核心课程，涵盖了生物与化工、农林牧渔、食品药品与粮食、资源环境与安全等诸多专业大类，其内容包括光、电、色、质及某些新技术的应用，其所涉及的知识面及技能点广泛而且深入。依照“职教二十条”，高等职业教育主要培养高素质技术技能型人才，以实践能力培养为重点，实践课时总数要占总课时数的一半以上，要在一个学期内完成所有知识点及技能训练难度非常大。“仪器分析”作为一门高职课程内容涵盖的范围太广，为方便教学，将仪器分析分成三个独立的体系，即：“光谱分析技术”“电化学分析技术”“色谱分析技术”，但现在很难找到与之相关的配套教材，故组织教师编写了这本《色谱分析技术》，以解决目前高职教学教材缺，内容难，不利教学等问题，也方便职业院校各相关专业根据需要选用教材。

本书的编写用“以学生为主体、以项目为载体、用任务来驱动”的理念进行设计，使学生学完这门课程后既具有较为系统的色谱分析法理论知识，又具有较强的实践操作能力。学生在走上相应工作岗位后，能够尽快适应岗位的要求，满足社会对高素质技术技能型人才的需求。本教材可供石油化工类、食品药品类、环境类高职高专学生使用，也可供有关分析检测部门一线技术人员参阅。

本书由湖南有色金属职业技术学院伍惠玲、漆寒梅任主编，党铭铭、田雁飞任副主编。伍惠玲编写模块一；漆寒梅编写模块二；党铭铭编写模块三；田雁飞参与编写了模块二的部分内容；周言凤、欧宇、冯松参加了本书部分内容的编写和资料整理工作。全书由伍惠玲统稿。

本书在编写过程中参考了有关专著、教材、论文等资料，在此向有关专家、作者致以衷心的感谢！

由于编者的水平和经验有限，书中难免有不当之处，敬请广大读者及同行批评指正！

编者

2020 年 10 月

前言

目录

模块一 气相色谱分析法 / 001

任务一 认识色谱法 / 001
一、色谱法的定义 / 001
二、色谱分析法的起源与发展 / 002
三、色谱分析法的特点 / 002
四、色谱法的分类 / 003
五、色谱分离原理 / 004
阅读材料 液相色谱——马丁与辛格(Martin & Synge) / 005
任务二 色谱流出曲线和常用术语 / 006
一、色谱流出曲线和色谱峰 / 006
二、色谱流出曲线的意义 / 008
三、描述分配过程的参数 / 008
任务三 色谱法基本原理 / 011
一、塔板理论 / 011
二、速率理论 / 013
三、基本色谱分离方程 / 015
任务四 认识气相色谱仪 / 017
一、气路系统 / 018
二、进样系统 / 021
三、分离系统 / 024
四、检测系统 / 028
五、温控与数据处理系统 / 038
任务五 气相色谱仪的操作 / 038
一、载气种类及其流速的选择 / 038
二、色谱柱及其柱温的选择 / 039
三、其它条件的选择 / 040
四、气相色谱仪的基本操作 / 040
任务六 定性和定量分析 / 041
一、定性分析 / 041
二、定量分析 / 042
技能训练一 混合物正、仲、叔、异丁醇含量的测定 / 045
技能训练二 乙醇中水分含量的测定 / 046
技能训练三 甲醇中水分含量的测定 / 048
思考与练习 / 050

模块二 高效液相色谱法 / 054

任务一 认识高效液相色谱法 / 055
一、与经典液相色谱法比较 / 055
二、与气相色谱法比较 / 055
任务二 认识高效液相色谱仪 / 056
一、高效液相色谱仪的工作流程 / 056
二、基本结构 / 056
三、基本操作 / 060
任务三 高效液相色谱法的分类 / 061
一、液固吸附色谱法 / 061
二、液液分配色谱法 / 062
三、化学键合相色谱法 / 063
四、离子交换色谱法 / 064
五、离子对色谱法 / 064
六、离子色谱法 / 065
七、空间排阻色谱法 / 065
任务四 高效液相色谱的定性与定量分析 / 066
一、定性分析 / 066
二、定量方法 / 067
技能训练四 可乐、咖啡、茶叶中咖啡因的高效液相色谱分析 / 067
技能训练五 饮料中苯甲酸、山梨酸含量的高效液相色谱分析 / 069
任务五 认识离子色谱法(IC) / 071
一、离子色谱(IC)基本原理 / 071
二、离子色谱仪的结构 / 073
三、离子色谱的定性与定量分析 / 077
四、色谱参数(条件)的优化 / 078

技能训练六　离子色谱法测定土壤中氟离子的含量　/ 078
任务六　认识薄层色谱法　/ 080
一、薄层色谱原理　/ 080
二、薄层色谱操作　/ 081
三、薄层色谱的特性　/ 082
四、定性与定量的方法　/ 082
五、应用　/ 083
技能训练七　校园植物中叶绿素的提取与分离　/ 083
思考与练习　/ 085

模块三　质谱分析法　/ 087

任务一　认识质谱分析法　/ 088
一、质谱分析法概述　/ 088
二、质谱分析法的基本原理　/ 088
三、质谱仪的结构　/ 089
任务二　有机质谱中离子的类型　/ 090
一、质谱的表示方法　/ 090
二、质谱图中的主要离子峰　/ 090
任务三　质谱定性分析及谱图解析　/ 093
任务四　色质联用技术　/ 096
一、气相色谱质谱联用（GC-MS）　/ 096
二、液相色谱质谱联用（LC-MS）　/ 097
技能训练八　GC-MS 对农药有机杂质中甲苯的定性定量分析　/ 098
技能训练九　LC-MS 对液体奶中苯甲酸的定性定量分析　/ 101
思考与练习　/ 103

思考与练习参考答案　/ 104

模块一　/ 104
模块二　/ 107
模块三　/ 108

参考文献　/ 111

模块一 气相色谱分析法

学习目标

1. 了解色谱分析法的原理及分类。
2. 熟悉色谱流出曲线和术语。
3. 理解塔板理论和速率理论。
4. 掌握定性和定量分析的方法。
5. 熟悉气相色谱仪的仪器结构。
6. 掌握气相色谱仪的基本操作。

能力目标

1. 能正确利用色谱流出曲线图进行定性、定量分析，评价色谱分离效果。
2. 能正确地操作气相色谱仪。
3. 能正确地维护和保养气相色谱仪。
4. 能正确地用归一化法、内标法及外标法对样品进行分析检测。

思政目标

1. 通过对色谱图的分析，培养学生辩证唯物主义世界观和科学思维方法。
2. 通过气相色谱仪的操作，培养学生严谨的工作作风和安全意识。
3. 通过样品的分析检测，培养学生的责任、环保意识、实事求是的职业道德。

典型工作任务

通过苯系物含量的检测、酒中甲醇含量的测定等技能训练，能正确操作气相色谱仪，能正确地对样品进行定性和定量分析。

任务一 认识色谱法

一、色谱法的定义

色谱法是利用混合物中各组分在两相间的分配系数的差异，当溶质在两相间作相对移动时，各组分在两相间进行多次分配，从而使各组分得到分离，然后顺序进行定性检出和鉴定、检测各组分含量的一种分析方法。色谱法具有高效、快速分离等特性，是现代分离、分析的一种重要方法。

图 1-1 是水中芳香烃污染物的分离分析图。

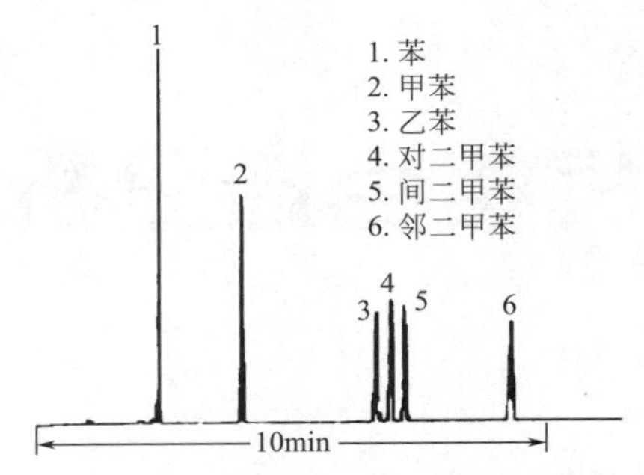

图 1-1 水中芳香烃污染物的分离分析图

二、色谱分析法的起源与发展

色谱法始创于 20 世纪初，1906 年，俄国植物学家茨维特（M. S. Tswett）在研究植物色素的过程中，做了一个经典的实验（如图 1-2 所示）：在一根玻璃管的狭小一端塞上一小团棉花，在管中填充沉淀碳酸钙，这就形成了一个吸附柱，然后将其与吸滤瓶连接，使绿色植物叶子的石油醚提取液自柱通过，上部不断用石油醚淋洗。结果在玻璃柱上出现了颜色不同的几个色层：留在最上面的是两种叶绿素，绿色层下面是叶黄素，随着溶剂跑到吸附层最下层的是黄色的胡萝卜素。

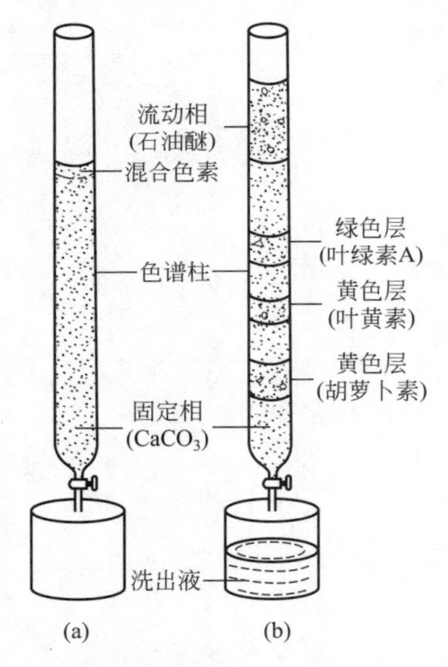

图 1-2 植物叶色素的分离

茨维特把上述分离方法叫做色谱法，把填充碳酸钙的玻璃柱管叫做色谱柱，将装填在玻璃或金属管内固定不动的物质（如上述实验中的碳酸钙固体颗粒）称为固定相，把在管内自上而下连续流动的液体或气体（如上述实验中的石油醚）称为流动相。

随着色谱法的不断发展，其不仅用于有色物质的分离，而且大量用于无色物质的分离。虽然“色”已失去原有意义，但色谱法名称仍沿用至今。由于气相色谱法、高效液相色谱法、离子色谱法及毛细管电泳等的飞速发展，以及各种与色谱有关的联用技术如色谱与质谱联用、色谱与红外光谱联用等技术的不断完善，色谱法已广泛应用于各个领域，成为多组分混合物最重要的分析方法，成为生产和科研中解决各种复杂混合物分离、分析的重要工具之一，构成了现代仪器分析的重要组成部分。历史上曾有两次诺贝尔化学奖是授予色谱研究工作者的：1948 年瑞典科学家 Tiselins 因电泳和吸附分析的研究而获奖，1952 年英国的 Martin 和 Synge 因发展了分配色谱而获奖。

三、色谱分析法的特点

色谱法的分离原理主要是利用物质在流动相与固定相之间的分配系数差异而实现分离。各种色谱分析法所使用的仪器种类较多，但均由流动相、进样装置、分离柱、检测器等几部分组成，如图 1-3 所示。

色谱法与光谱法的主要区别在于色谱法具有分离及分析两种功能，而光谱法不具备分离功能。色谱法是先将混合物中各组分分离，而后逐个分析，因此是分析混合物最有力的手段。色谱分析法的特点主要体现在如下几点。

① 分离效率高：可分析复杂混合物，如有机同系物、异构体、手性异构体等。

② 灵敏度高：可以检测出 μg/g（10^{-6}）级甚至 ng/g（10^{-9}）级的物质的量。

③ 分析速度快：一般在几分钟或几十分钟内可以完成一个试样的分析。

④ 应用范围广：气相色谱适用于沸点低于 400℃的各种有机或无机试样的分析。液相色谱适用于高沸点、热不稳定及生物试样的分离分析。离子色谱适用于无机离子及有机酸碱的分离分析。

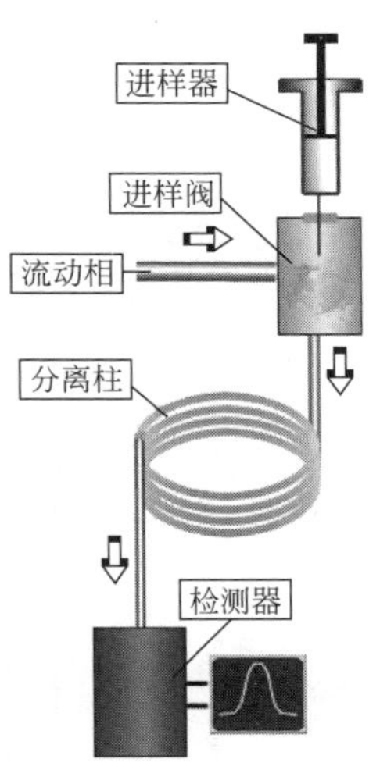

图 1-3　色谱仪结构

色谱分析法的不足之处在于对被分离组分的定性较为困难。随着色谱技术与其它分析仪器联用技术的发展，这一问题已经得到了很好的解决。

四、色谱法的分类

色谱法可从不同的角度进行分类。

1. 按流动相与固定相的状态分类

在色谱法中流动相可以是气体、液体和超临界流体，这些方法相应称为气相色谱（GC）、液相色谱（LC）和超临界流体色谱（SFC）等。按固定相为固体（如吸附剂）或液体（此液体称为固定液，它预先固定在一种载体上），气相色谱又可分为气-固色谱（GSC）与气-液色谱（GLC）；液相色谱又可分为液-固色谱（LSC）及液-液色谱（LLC）。以超临界流体为流动相的色谱分离技术，称为超临界流体色谱，超临界流体具有气体和液体的双重性质，它具有气相与液相没有的优点，至今研究较多的是 CO_2 超临界流体色谱。

2. 按操作形式分类

可分为柱色谱和平板色谱。

柱色谱是将固定相装于柱管内构成色谱柱，色谱分离过程在色谱柱内进行。按色谱柱的粗细，又可分为填充柱色谱、毛细管柱色谱等。固定相装在玻璃管或金属管内的色谱称为填充柱色谱，固定相直接涂渍在毛细管内壁或在高温下将固定液交联到毛细管内壁的色谱称为毛细管色谱。气相色谱、高效液相色谱（HPLC）及超临界流体色谱等属于柱色谱范围。

平板色谱是色谱分离过程在固定相构成的平面状层内进行的色谱法。如图 1-4 所示，又分为纸色谱（用滤纸作固定液的载体）、薄层色谱（TLC，将固定相涂在玻璃板或铝箔板等板上）及薄膜色谱（将高分子固定相制成薄膜）等，这些都属于液相色谱法范围。

3. 按色谱分离过程的分离机制分类

可分为吸附色谱、分配色谱、离子交换色谱（IEC）、空间排阻色谱（SEC）等类型。

（1）吸附色谱　用固体吸附剂作固定相，利用被分离组分对固体表面吸附能力的差别而实现分离。大部分 GSC 和 LSC 都属于吸附色谱。

（2）分配色谱　用液体作固定相，利用被分离组分在固定相或流动相中的溶解度差别而

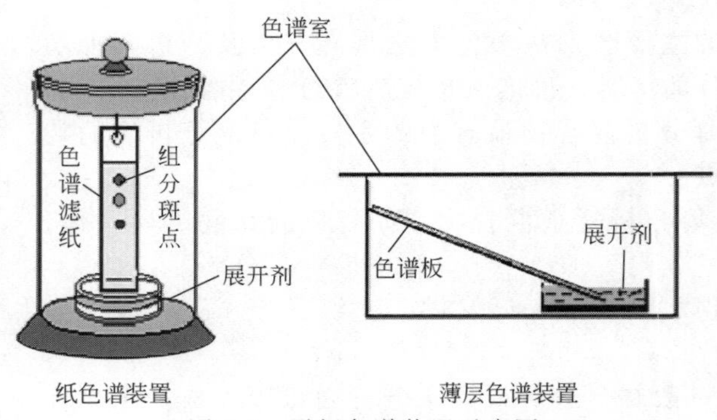

图 1-4　平板色谱装置示意图

实现分离。GLC 和 LLC 都属于分配色谱范围。

（3）离子交换色谱　利用组分在离子交换剂（固定相）上的亲和力大小不同而达到分离的方法。

（4）空间排阻色谱　利用大小不同的分子在多孔固定相中的选择渗透而达到分离的方法。其固定相是多孔性填料凝胶，故此法又称为凝胶色谱法，也称为分子排阻色谱法。

色谱法简单分类如图 1-5 所示。

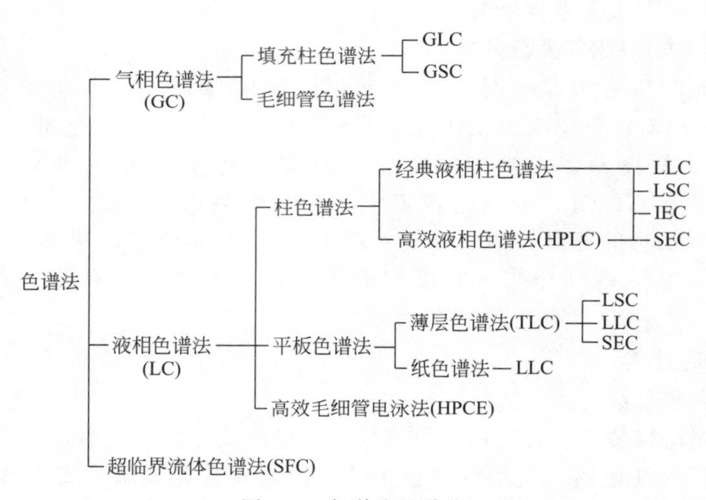

图 1-5　色谱法的分类

五、色谱分离原理

色谱分析法实质是一种物理化学分离方法，即利用不同物质在两相（固定相和流动相）中具有不同的分配系数（或吸附系数），当两相作相对运动时，这些物质在两相中反复多次分配（即组分在两相之间进行反复多次的吸附、脱附或溶解、挥发过程），吸附作用是指各种气体、蒸气以及溶液中的溶质被吸着在固体或液体物质表面上的作用。吸附作用可分为物理吸附和化学吸附。脱附作用正好与吸附作用相反，是指吸着在固体或液体物质表面上的物质在一定的作用下离开原表面的过程。溶解过程是指气态或液态组分进入固定液的过程，而挥发过程则是指组分离开固定液回到气态或液态流动相的过程。由于试样中各组分在两相中分配系数不同，被固定相溶解或吸附的组分越多，向前移动越慢，从而使各物质得到完全分离。

以吸附色谱为例，其色谱分离过程如图 1-6 所示。把含有 A、B 两组分的样品加到色谱柱的顶端，A、B 均被吸附到固定相上。然后用适当的流动相冲洗，当流动相流过时，已被吸附在固定相上的两种组分又溶解于流动相中而被解吸，并随着流动相向前移行，已解吸的组分遇到新的吸附剂颗粒，又再次被吸附，如此在色谱柱上不断地发生吸附、解吸、再吸附、再解吸……的过程。若两种组分的理化性质存在着微小的差异，则在吸附剂表面的吸附能力也存在微小的差异，经过反复多次的重复，使微小的差异积累起来就变成了大的差异，其结果就使吸附能力弱的 B 先从色谱柱中流出，吸附能力强的 A 后流出色谱柱，从而使各组分得到分离。

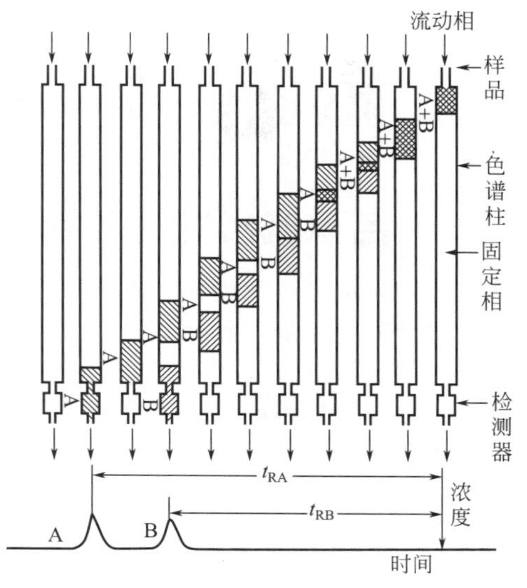

图 1-6　色谱分离过程

阅读材料

液相色谱——马丁与辛格（Martin&Synge）

马丁（Archer John Porter Martin，1910—2002），英国分析化学家，于 1910 年 3 月 1 日出生于英国伦敦一个书香门第，早年就读于著名的贝德福德学校。在学校，他的物理、化学成绩总是名列前茅。1929 年，他进入剑桥大学学习，1932 年大学毕业，获剑桥大学学士学位。1935 年和 1936 年他先后拿到了硕士和博士学位。1946 年在诺丁汉制靴研究所研究生物化学，发表了论文《复杂混合物中的小分子多肽的鉴定》，介绍了利用电泳和纸色谱鉴别小分子多肽。1957 年在国家医学研究所任职，1973 年任舒塞克斯大学教授。马丁和辛格共同发明分配色谱法，用于分离氨基酸混合物中的各种组分，还用于分离类胡萝卜素。此法操作简便、试样用量少，可用于分离性质相似的物质以及蛋白质结构的研究，是生物化学和分子生物学的基本研究方法。由于这一贡献，马丁和辛格共获 1952 年诺贝尔化学奖。1953 年马丁和 A. T. 詹姆斯发明气相色谱法，利用不同的吸附物质来分离气体，广泛用于各种有机化合物的分离和分析。

辛格（Richard Laurence Millington Synge，1914—1994），英国生物化学家，1914 年 10 月 28 日出生于英国的利物浦，1928～1933 年在曼彻斯特学院学习，后转入剑桥大学，1936 年他从剑桥大学毕业，获学士学位。1939 年他获得了硕士学位，1941 年获哲学学位。1941 年马丁、辛格联名发表了第一篇有关分配色谱法的文章，因此，辛格获得了博士学位。

1937 年，马丁到剑桥大学与辛格共事。1938 年，他们制成第一台液相色谱仪，但还有很大的缺陷。1941 年，马丁、辛格联合发表了第一篇有关分配色谱的文章。1943 年，辛格离开利兹，但他还始终与马丁联系与合作，继续对分配色谱法进行探索，1944 年马丁等人在上述探索的基础上，用普通滤纸代替硅胶作为载体，获得了成功。分配色谱法和纸色谱法的发明和推广极大地推动了化学研究，特别是有机化学和生物化学的发展，可以说是分析方法上一次了不起的革命。正是认识到这一意义，诺贝尔评奖委员会将 1952 年的诺贝尔化学奖授予了马丁和辛格。

任务二 色谱流出曲线和常用术语

一、色谱流出曲线和色谱峰

试样中各组分经色谱柱分离后，按先后次序经过检测器时，检测器就将流动相中各组分浓度变化转变为相应的电信号，由记录仪所记录下的信号随时间变化的微分曲线，称为色谱流出曲线（色谱图）(如图 1-7 所示)。当某组分从色谱柱流出时，检测器对该组分的响应信号随时间变化所形成的峰形曲线称为该组分的色谱峰。

如果进样量很小，浓度很低，在吸附等温线或分配等温线的线性范围内，则色谱峰是对称的。

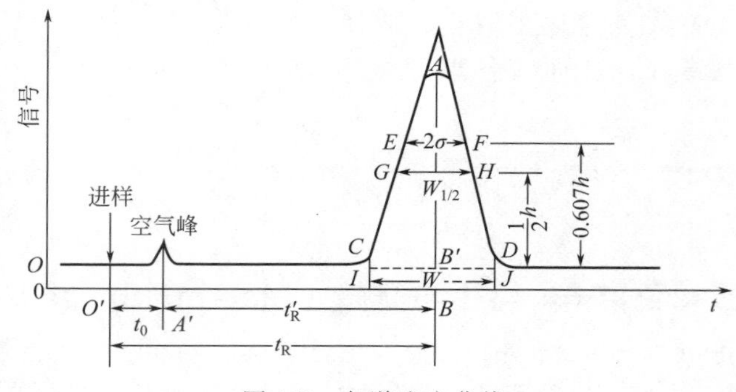

图 1-7 色谱流出曲线

1. 基线

在操作条件下，没有试样进入检测器，只有纯流动相进入检测器时的流出曲线，记录仪记录的是一条直线，这条直线称为基线。若基线上斜或者下斜，称为漂移；基线发生细小的波动的现象，称为噪声。

基线是在实验操作条件下，反映检测器系统噪声随时间变化的曲线。

2. 峰高和峰面积

峰高（h）：峰高 h 指色谱峰最高点到基线的距离，一般用 cm 为单位。

峰面积（A）：是指每个组分的流出曲线与基线间所包围的面积，用 A 表示。

峰高和峰面积的大小与每个组分在样品中含量有关，因此色谱图中，峰高和峰面积是进行定量分析的主要依据。

3. 峰的区域宽度

色谱峰的区域宽度是色谱流出曲线的重要参数之一，衡量色谱柱的柱效及反映色谱操作条件下的动力学因素。宽度越窄，其效率越高，分离的效果也越好。

表示色谱峰区域宽度有三种方法：

（1）标准偏差 σ：即 0.607 倍峰高处色谱峰宽的一半。

（2）半峰宽 $W_{1/2}$：即峰高一半处对应的峰宽。它与标准偏差的关系为 $W_{1/2}=2.354\sigma$。

（3）峰底宽度 W：即色谱峰两侧拐点上的切线与基线的交点间的距离。它与标准偏差 σ 的关系是 $W=4\sigma$。

注意：色谱峰的半峰宽并不等于峰底宽的一半。

4. 保留值

保留值表示试样中各组分从进样到色谱柱后出现浓度最大值所需要的时间（或所需载气的体积），叫做保留值。它体现了各待测组分在色谱柱上的保留情况，在固定相中溶解性越好，或与固定相吸附性越强的组分，在柱中的保留时间就越长，或者说将组分带出色谱柱所需的流动相体积越大，所以保留值可以用保留时间和保留体积两套参数描述，它反映组分与固定相之间作用力的大小，在一定的固定相和操作条件下，任何一种物质都有一个确定的保留值，所以保留值是色谱法定性的依据。

（1）死时间 t_M　不被固定相吸附或溶解的物质从进入色谱柱到柱后出现浓度最大值所需的时间称为死时间。它正比于色谱柱的空隙体积。

（2）保留时间 t_R　是指被测组分从进样开始到柱后出现浓度最大值时所需的时间。保留时间是色谱峰位置的标志。

（3）调整保留时间 t'_R　某组分的保留时间扣除死时间后，称为该组分的调整保留时间，即

$$t'_R = t_R - t_M \tag{1-1}$$

它表示与固定相发生作用的组分比载气在色谱柱中多滞留的时间，实际上是组分在固定相中所滞留的时间。t'_R更准确地表达了被分析组分的保留特性，是气相色谱定性分析的基本参数。

由于同一组分的保留时间常受到流动相流速的影响，因此有时用保留体积来表示保留值。

（4）死体积 V_M　不能被固定相保留的组分从进样到出现峰最大值时所消耗的流动相的体积，也可以说是色谱柱在填充后管内固定相颗粒间空隙、色谱仪管路和连接头间空隙和检测器间隙的总体积。若操作条件下色谱柱内载气的平均流速为 F_0（mL/min），则：

$$V_M = t_M F_0 \tag{1-2}$$

（5）保留体积 V_R　指从进样开始到待测物在柱后出现浓度最大值时所通过的流动相的体积。

$$V_R = t_R F_0 \tag{1-3}$$

（6）调整保留体积 V'_R　指扣除死体积后的保留体积。

$$V'_R = t'_R F_0 = (t_R - t_M) F_0 = V_R - V_M \tag{1-4}$$

V'_R与载气流速无关。死体积反映了色谱柱和仪器系统的几何特性，它与被测物的性质无关，故保留体积值中扣除死体积后将更合理地反映被测组分的保留特性。

（7）相对保留值（γ）　是指一定条件下某组分 i 的调整保留值与另一组分 s 的调整保留值之比：

$$\gamma = \frac{t'_{R_i}}{t'_{R_s}} = \frac{V'_{R_i}}{V'_{R_s}} \tag{1-5}$$

γ 仅仅与柱温和固定相性质有关，而与载气流量及其它实验条件无关，因此是色谱定性分析的重要参数之一。在色谱定性分析中，常选用一个组分作为标准，其它组分与标准组分的相对保留值可作为色谱定性的依据。相邻且难分离的两组分的相对保留值，也可作为色谱系统分离选择性指标。

（8）选择因子（α）　是指相邻两组分的调整保留值之比。

$$\alpha = \frac{t'_{R_1}}{t'_{R_2}} = \frac{V'_{R_1}}{V'_{R_2}} \tag{1-6}$$

α 表示色谱柱的选择性，即固定相（色谱柱）的选择性。α 值越大，相邻两组分的 t'_R 相差越大，两组分的色谱峰相距越远，分离得越好，说明色谱柱的分离选择性越高。当 $\alpha=1$ 或接近 1 时，两组分的色谱峰重叠，不能被分离。

二、色谱流出曲线的意义

（1）根据色谱峰数目确定样品中单组分的个数。

（2）根据色谱峰的位置（保留值）可进行定性分析。

（3）色谱峰高或峰面积是定量的依据。

（4）色谱保留值或区域宽度是色谱柱分离效能评价指标。

（5）色谱峰间距是固定相或流动相选择是否合适的依据。

三、描述分配过程的参数

组分在固定相和流动相之间发生的吸附与解（脱）附或者溶解与挥发的过程叫分配过程。

（1）分配系数（K） 它是指在一定温度和压力下，组分在固定相和流动相之间分配达平衡时的浓度之比值，即：

$$K=\frac{\text{组分在固定相中的浓度}}{\text{组分在流动相中的浓度}}=\frac{c_s}{c_M} \tag{1-7}$$

式中，c_s 表示组分在固定相中的浓度；c_M 表示组分在流动相中的浓度。

一定温度下，各物质在两相间的分配系数是不同的。分配系数小的组分，表示每次分配后在固定相中的浓度较低，先流出色谱柱。而分配系数大的组分，则由于每次分配后在固定相中的浓度较高，因而后流出色谱柱。当试样一定时，K 主要取决于固定相的性质。不同组分在各种固定相上的分配系数不同，因而选择合适的固定相，增加组分间的分配系数的差别，可显著改变分离效能。试样中的各组分具有不同的 K 值是分离的前提，当 $K=0$ 时，组分不被固定相保留，最先流出。

（2）分配比 k（容量因子） 在一定温度和压力下，组分在两相间的分配达平衡时，分配在固定相和流动相中的质量比，称为分配比。它反映了组分在柱中的迁移速率。又称容量因子。

$$k=\frac{\text{组分在固定相中的质量}}{\text{组分在流动相中的质量}}=\frac{m_s}{m_M}=\frac{c_sV_s}{c_MV_M} \tag{1-8}$$

式中，m_s 表示组分在固定相中的质量；m_M 表示组分在流动相中的质量；V_s 表示色谱柱中固定相的体积；V_M 表示色谱柱中流动相的体积。

（3）K 与 k 的关系

$$K=\frac{c_s}{c_M}=\frac{m_s/V_s}{m_M/V_M}=k\cdot\frac{V_M}{V_s}=k\beta \tag{1-9}$$

V_M 与 V_s 之比称为相比率，用 β 表示。它也是反映色谱柱柱型特点的参数。例如，填充柱的 β 值约为 6～35，毛细管柱的 β 值约为 50～1500。在数值上，容量因子可以用调整保留时间与死时间之比来计算：

$$k=\frac{t_R-t_M}{t_M}=\frac{t'_R}{t_M} \tag{1-10}$$

根据上式，k 值可以很方便地从色谱图求得，所以容量因子 k 是一个重要的色谱参数，在 GC 中常用容量因子 k 而不用分配系数 K。当 $k=0$ 时，则 $t_R=t_M$，组分无保留行为；

$k=1$ 时，则 $t_R=2t_M$；k 趋于∞，t_R 很大，组分峰出不来。$k=1\sim5$ 最好，如何控制 k，主要靠选择合适的固定液，改变流动相（液相色谱），改变样品本身的性质等。

（4）分配系数 K 及分配比 k 与选择因子 α 的关系　对 A、B 两组分的选择因子，用下式表示：

$$\alpha=\frac{t'_R(\mathrm{B})}{t'_R(\mathrm{A})}=\frac{k_B}{k_A}=\frac{K_B}{K_A} \tag{1-11}$$

通过选择因子（相对保留值）α 把实验测量值 k 与热力学性质的分配系数 K 直接联系起来，α 对固定相的选择具有实际意义。

注意：K 或 k 反映的是某一组分在两相间的分配，而 α 是反映两组分间的分离情况！如果两组分的 K 或 k 值相等，则 $\alpha=1$，两个组分的色谱峰必将重合，说明分不开。两组分的 K 或 k 值相差越大，则分离得越好。因此两组分具有不同的分配系数是色谱分离的先决条件。α 和 k 是计算色谱柱分离效能的重要参数！

图 1-8 是 A、B 两组分沿色谱柱移动时，不同组分的浓度轮廓。

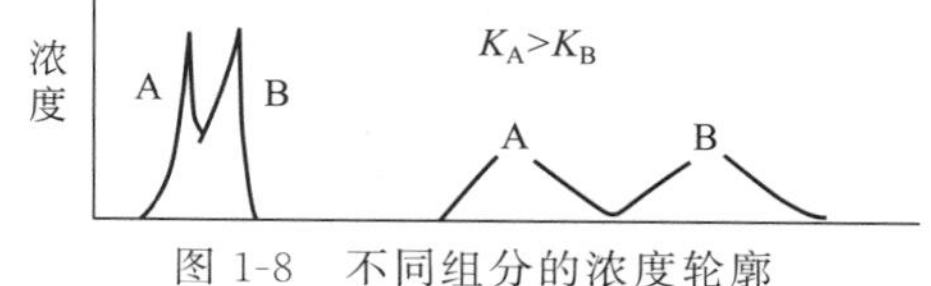

图 1-8　不同组分的浓度轮廓

图中 $K_A>K_B$，因此，A 组分在移动过程中滞后。随着两组分在色谱柱中移动距离的增加，两峰间的距离逐渐变大，同时，每一组分的浓度轮廓（即区域宽度）也慢慢变宽。显然，区域扩宽对分离是不利的，但又是不可避免的。若要使 A、B 组分完全分离，必须满足以下三点：

①两组分的分配系数必须有差异；②区域扩宽的速度应小于区域分离的速度；③在保证快速分离的前提下，提供足够长的色谱柱。①、②是完全分离的必要条件。

【例 1-1】　用一根固定相的体积为 0.148mL，流动相的体积为 1.26mL 的色谱柱分离 A、B 两个组分，它们的保留时间分别为 14.4min 和 15.4min，不被保留组分的保留时间为 4.2min，试计算：

（1）各组分的保留因子 k；

（2）各组分的分配系数 K；

（3）A、B 两组分的选择因子 $\alpha_{B,A}$。

解：（1）各组分的保留因子 k

$$k=\frac{t'\mathrm{R}}{t_M}=\frac{t_R-t_M}{t_M}$$

$$k_A=(14.4\mathrm{min}-4.2\mathrm{min})/4.2\mathrm{min}=2.43$$

$$k_B=(15.4\mathrm{min}-4.2\mathrm{min})/4.2\mathrm{min}=2.67$$

（2）各组分的分配系数 K

$$K=k\beta=k\cdot\frac{V_M}{V_s}$$

$$K_A=k_A\cdot\frac{V_M}{V_S}=2.43\times\frac{1.26\mathrm{mL}}{0.148\mathrm{mL}}=20.7$$

同理可求 B 的分配系数 $K_B=22.7$。

（3）A、B 两组分的选择因子 $\alpha_{B,A}$

$$\alpha_{B,A}=\frac{K_B}{K_A}=\frac{22.7}{20.7}=1.10$$

$$\alpha_{B,A}=\frac{k_B}{k_A}=\frac{2.67}{2.43}=1.10$$

(5) 分离度 R　分离度 R 是既能反映柱效能又能反映选择性的一个综合性指标，也称总分离效能指标或分辨率。它定义为相邻两组分色谱峰保留值之差与两组分色谱峰底宽总和的一半的比值，即：

$$R=\frac{t_{R_2}-t_{R_1}}{\frac{1}{2}(W_{b_1}+W_{b_2})}=\frac{2(t_{R_2}-t_{R_1})}{W_{b_1}+W_{b_2}} \tag{1-12}$$

利用此式，可直接从色谱流出曲线上求出分离度 R。分离度可以用来作为衡量色谱峰分离效能的指标。难分离物质对的分离度大小受色谱分离过程中两种因素的综合影响：保留值之差——色谱分离过程的热力学因素；区域宽度——色谱分离过程的动力学因素。色谱柱的选择性越强，两组分的色谱峰相距越远；柱效能越高，色谱峰越窄。

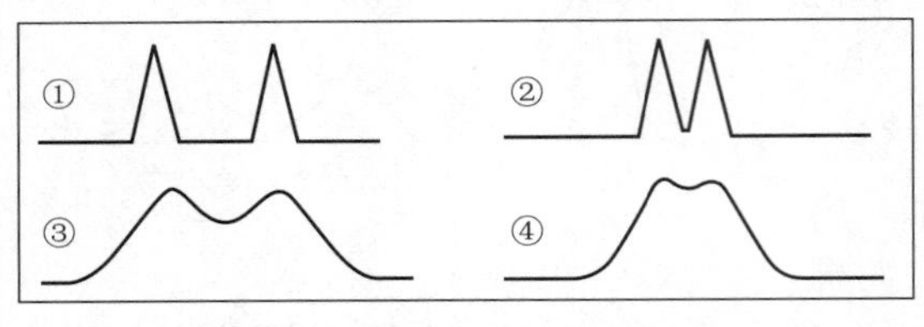

图 1-9　色谱分离的四种情况

色谱分离中的四种情况的讨论（如图 1-9 所示）：

① 柱效较高，ΔK（分配系数之差）较大，完全分离；

② ΔK 不是很大，柱效较高，峰较窄，基本上完全分离；

③ 柱效较低，ΔK 较大，但分离得不好；

④ ΔK 小，柱效低，分离效果更差。

当 $R<1$ 时，两峰明显交叠；$R=1$ 时分离程度达到 98%；$R=1.5$ 时，分离程度可达 99.7%，因此 $R=1.5$ 通常用作相邻两峰完全分离的标准（如图 1-10 所示）。

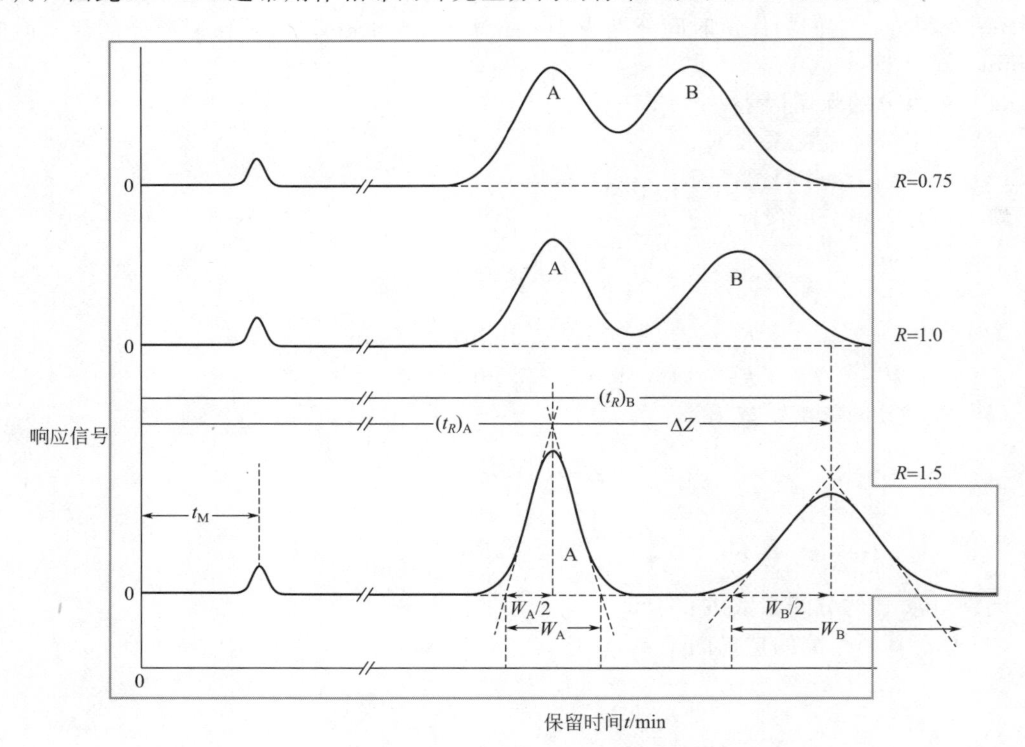

图 1-10　不同分离度时色谱峰分离程度

任务三　色谱法基本原理

色谱分析的目的是将样品中各组分彼此分离。组分要达到完全分离，两峰间的距离必须足够远，但两峰间虽有一定距离，如果每个峰都很宽，以致彼此重叠，还是不能分开。色谱理论需要解决的问题一方面是如何评价色谱的分离效果，另一方面则是讨论影响分离及柱效的因素，寻找提高柱效的途径。两峰间的距离是由组分在两相间的分配系数决定的，即与色谱分离过程的热力学性质（温度、固定相与流动相的结构和性质）有关，而色谱峰的宽或窄是由组分在色谱柱中传质和扩散行为决定的，即与色谱分离过程的动力学性质（组分在两相间的运动情况）有关。色谱分析的基本理论主要有塔板理论和速率理论，塔板理论从热力学的观点解释了色谱流出曲线，给出了分离柱效的评价指标，速率理论从动力学的角度出发，讨论了影响分离的因素及提高柱效的途径。

一、塔板理论

最早由马丁（Martin）等人提出塔板理论，该理论是把色谱分离过程比作蒸馏过程，把色谱柱比作一个蒸馏塔。这样，色谱柱可由许多假想的塔板组成（即将色谱柱分成若干小段），在每一小段（塔板）内，一部分空间为固定相所占据，另一部分空间充满着流动相，当欲分离的组分随流动相进入色谱柱后，就在两相间进行分配，并迅速达到分配平衡，然后随着流动相按一个塔板、一个塔板的方式向前移动。因被分离组分的分配系数不同，经多次分配平衡后，分配系数小的组分先离开蒸馏塔（色谱柱），分配系数大的组分后离开蒸馏塔（色谱柱），经过多次分配平衡后，从而使分配系数不同的组分彼此得到分离。

塔板理论是描述色谱柱中组分在两相间的分配状况及评价色谱柱的分离效能的一种半经验式的理论，它成功地解释了色谱流出曲线呈正态分布。组分在色谱柱中的分配过程如图 1-11 所示。

塔板理论假定：①塔板之间不连续；②塔板之间无分子扩散；③将连续的色谱柱设想成若干小段，每一段均由固定相和流动相填充，组分在其内迅速达到分配平衡，这样达到分配平衡的一小段柱长称为理论塔板高度，简称板高，用 H 表示；④某组分在所有塔板上的分配系数相同；⑤流动相以不连续方式加入，即以一个一个的塔板体积加入。

对于一个色谱柱来说，其分离能力（也称柱效能）的大小主要与塔板的数目有关，塔板数越多，柱效能越高。

色谱柱的塔板数可以用理论塔板数 n 和有效塔板数 $n_{有效}$ 来表示。

1. 理论塔板数n

设柱长为 L，理论塔板高度为 H，则：

$$n=\frac{L}{H} \tag{1-13}$$

显然，当色谱柱长 L 固定时，理论塔板高度 H 越小，则理论塔板数 n 越多，分离效果越好，柱效能就越高。

计算理论塔板数 n 的经验式为：

$$n=5.54\left(\frac{t_R}{W_{1/2}}\right)^2=16\left(\frac{t_R}{W_b}\right)^2 \tag{1-14}$$

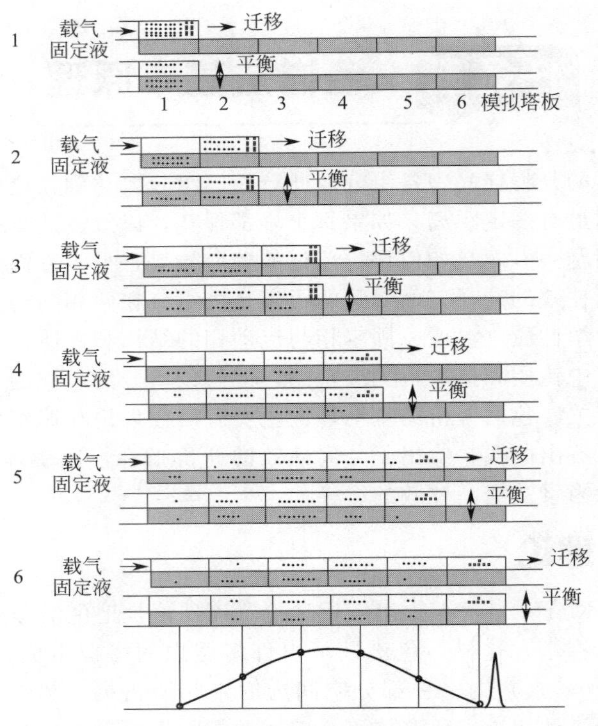

图 1-11 组分在色谱柱中的分配过程

式中，n 为理论塔板数；t_R 为某组分的保留时间；$W_{1/2}$ 为某组分以时间为单位的半峰宽；W_b 为色谱峰以时间为单位的峰底宽度。由式可见，柱子的理论塔板数与峰宽和保留时间有关。保留时间越大，峰越窄，理论塔板数就越多，柱效能也就越高。

【例 1-2】 某色谱柱长 2.1m，测得某组分的保留时间为 5min42s，在色谱纸上量得色谱峰的宽度为 1.2cm，已知纸速为 2cm/min，求塔板高度。

解 将色谱峰的宽度换算成时间：

$$W=\frac{1.2\text{cm}}{2.0\text{cm/min}}=0.6\text{min}$$

$$t_R=5\text{min}+\frac{42\text{s}}{60\text{s/min}}=5.7\text{min}$$

$$n=16\left(\frac{t_R}{W_b}\right)^2=16\left(\frac{5.7}{0.6}\right)^2=1444$$

$$H=\frac{L}{n}=\frac{210\text{cm}}{1444}=0.145\text{cm}=1.45\text{mm}$$

答：塔板高度为 1.45mm。

在实际应用中，常常出现计算出的 n 值很大，但色谱柱的实际分离效能并不高的现象。这是由于保留时间 t_R 包括了死时间 t_M，而 t_M 不参加柱内的分配，即理论塔板数未能真实地反映色谱柱的实际分离效能。为此，提出了以 t'_R 代替 t_R 计算所得到的有效塔板数。

2. 有效塔板数 $n_{有效}$

以 $n_{有效}$ 来衡量色谱柱的柱效能，计算公式为：

$$n_{有效}=\frac{L}{H_{有效}}=5.54\left(\frac{t'_R}{W_{1/2}}\right)^2=16\left(\frac{t'_R}{W_b}\right)^2 \tag{1-15}$$

式中，$n_{有效}$为有效塔板数；$H_{有效}$为有效塔板高度；t'_R为组分调整保留时间；$W_{1/2}$为以时间为单位的半峰宽；W_b为以时间为单位的峰底宽。

3. 有关塔板理论的说明

① 塔板理论描述了组分在柱内的分配平衡和分离过程、导出流出曲线的数学模型、解释了流出曲线形状和位置、提出了计算和评价柱效的参数。

② 不同物质在同一色谱柱上的分配系数不同，用有效塔板数和有效塔板高度作为衡量柱效能的指标时，应指明测定物质。

③ 柱效不能表示被分离组分的实际分离效果，当两组分的分配系数 K 相同时，无论该色谱柱的塔板数多大，都无法分离。

④ 塔板理论未考虑分子扩散因素、其它动力学因素对柱内传质的影响。无法指出影响柱效的因素及提高柱效的途径。

二、速率理论

1956 年，荷兰化学工程师范·弟姆特提出了色谱过程动力学速率理论：吸收了塔板理论中的板高 H 概念，考虑了组分在两相间的扩散和传质过程，从而给出了范·弟姆特方程：

$$H=A+\frac{B}{u}+Cu \tag{1-16}$$

式中，A、B、C 为常数，分别对应涡流扩散、分子扩散、传质阻力三项；H 为理论塔板高度；u 为载气的线速度，cm/s。

减小 A、B、C 可提高柱效，所以这三项各与哪些因素有关是解决如何提高柱效问题的关键所在。

1. 涡流扩散项（A）

在填充柱中，由于受到固定相颗粒的阻碍，组分在迁移过程中随流动相不断改变方向，形成紊乱的“涡流”：从图 1-12 中可见，因填充物颗粒大小及填充的不均匀性——同一组分运行路线长短不同，流出时间不同，从而引起色谱峰变宽。展宽程度以 A 表示：

$$A=2\lambda d_p \tag{1-17}$$

式中，d_p 为填充颗粒的平均直径；λ 为填充不规则因子。可见，涡流扩散项的大小与固定相的平均颗粒直径和填充是否均匀有关，而与流动相的流速无关。使用细粒的固定相并填充均匀可减小 A，提高柱效。对于空心毛细管柱，无涡流扩散，即 $A=0$。

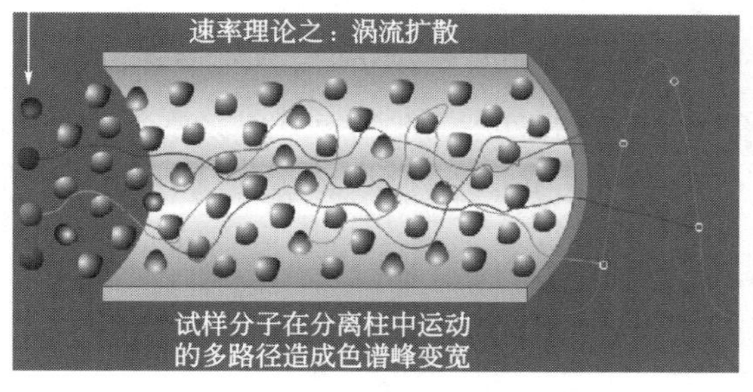

图 1-12　涡流扩散

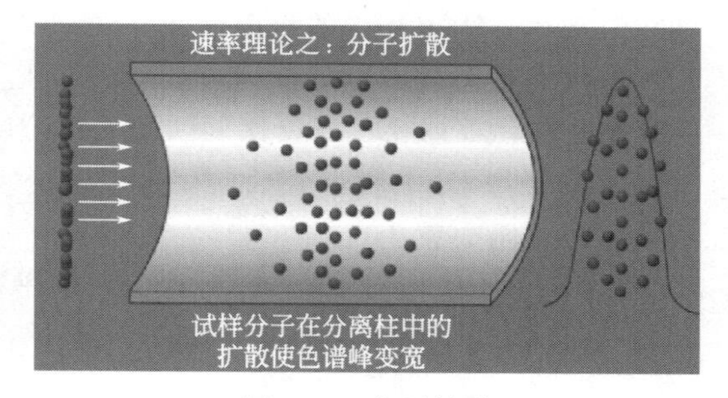

图 1-13　分子扩散

2. 分子扩散项（B/u）

纵向分子扩散是由于浓度梯度引起的。当试样组分被注入色谱柱时，它呈“塞子”状分布。随着流动相的推进，由于“塞子”在前后存在着浓度差，当其随着流动相向前流动时，试样中组分分子将沿着柱子产生纵向扩散，导致色谱峰变宽。如图 1-13 所示，展宽程度以 B 表示：

$$B=2\gamma D_g \tag{1-18}$$

式中，γ 称为弯曲因子，它表示固定相几何形状对自由分子扩散的阻碍情况，毛细管柱（空心柱）$\gamma=1$，填充柱 $\gamma=0.6\sim0.8$；D_g 为组分在气相中的分子扩散系数，cm^2/s。

分子扩散项与流动项的流速有关，流速越小，组分在柱中滞留的时间越长，扩散越严重，组分分子在气相中扩散系数要比在液相中的大，因此气相色谱中的分子扩散要比液相色谱严重得多。在气相色谱中，采用摩尔质量较大的载气，可使 D_g 值减小。

3. 传质阻力项（*Cu*）

被测组分由于浓度不均匀而发生物质迁移过程，称为传质过程。气相色谱和液相色谱二者传质过程不完全相同。以气相色谱为例，传质阻力系数 C 包括流动相传质阻力系数 C_g 和固定相传质阻力系数 C_l，即：

$$C=C_g+C_l \tag{1-19}$$

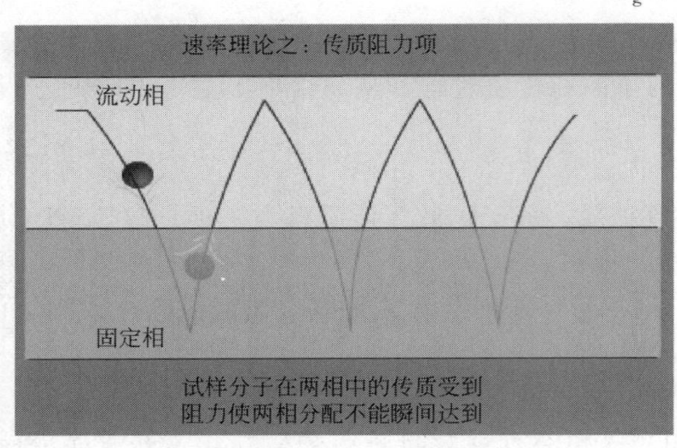

图 1-14 传质阻力

有的分子还来不及进入两相界面，就被气相带走（C_g）；有的则进入两相界面又来不及返回气相（C_l），这样，使得试样在两相界面上不能瞬间达到分配平衡，引起滞后现象，从而使色谱峰变宽（如图 1-14 所示）。

C_g 指组分分子从流动相移向固定相表面进行两相之间的质量交换时所受到的阻力。

$$C_g=\frac{0.01k^2}{(1+k)^2}\cdot\frac{d_p^2}{D_g} \tag{1-20}$$

C_l 是指组分分子由气液两相界面扩散至固定液内部，进行质量交换达到分配平衡后，再返回气液两相界面的传质过程中所受到的阻力。

$$C_l=\frac{2}{3}\cdot\frac{k}{(1+k)^2}\cdot\frac{d_f^2}{D_l} \tag{1-21}$$

式中，k 为容量因子；d_p 为填充颗粒的平均直径；d_f 为液膜厚度；D_g、D_l 分别为组分在流动相、固定相中的扩散系数。

由以上关系式可以看出，流动相传质阻力与填充物粒度 d_p 的平方成正比，与组分在载气流中的扩散系数 D_g 成反比。因此采用粒度小的填充物和分子量小的气体（如氢气）作载气，可使 C_g 减小，提高柱效。固定相的液膜厚度 d_f 薄，组分在液相的扩散系数 D_l 大，则固定相传质阻力就小。

将以上式子进行总结，即可得气液色谱速率板高方程：

$$H=2\lambda d_p+\frac{2\gamma D_g}{u}+\left[\frac{0.01k^2}{(1+k)^2}\cdot\frac{d_p^2}{D_g}+\frac{2k}{3(1+k)^2}\cdot\frac{d_f^2}{D_l}\right]u \tag{1-22}$$

这一方程对选择色谱分离条件具有实际指导意义，它指出了色谱柱填充的均匀程度、填料颗粒的大小、流动相的种类及流速、固定相的液膜厚度等对柱效的影响。

速率方程中 B、C 两项对理论塔板高度的贡献随流动相流速的改变而不同，在毛细管色谱中，分离柱为中空毛细管，则 $A=0$。流动相流速较高时，传质阻力项是影响柱效的主要因素。流速增加，传质不能快速达到平衡，柱效下降。载气流速低时试样由高浓度区向两侧纵向扩散加剧，分子扩散项成为影响柱效的主要因素，流速增加，柱效增加。

速率理论的要点归纳为被分离组分分子在色谱柱内运行的多路径、涡流扩散、浓度梯度所造成的分子扩散及传质阻力，使气液两相间的分配平衡不能瞬间达到等因素是造成色谱峰扩展柱效下降的主要原因；通过选择适当的固定相粒度、载气种类、液膜厚度及载气流速可提高柱效；速率理论为色谱分离和操作条件的选择提供了理论指导，阐明了流速和柱温对柱效及分离的影响；各种因素相互制约，如载气流速增大，分子扩散项的影响减小，使柱效提高，但同时传质阻力项的影响增大，又使柱效下降；柱温升高，有利于传质，但又加剧了分子扩散的影响，只有选择最佳条件，才能使柱效达到最高。

三、基本色谱分离方程

综合色谱分离热力学和动力学（即峰间距和峰宽）两方面的因素，可以定量描述混合物中相邻两组分实际分离的程度，因而用它作色谱柱的总分离效能指标。分离度 R 与柱效能 n、容量因子 k 和选择性因子 α 三者之间的关系可用数学式表示为：

$$R=\frac{\sqrt{n}}{4}\left(\frac{\alpha-1}{\alpha}\right)\left(\frac{k}{k+1}\right) \tag{1-23}$$

即为基本色谱分离方程式。

实际应用中，用 $n_{有效}$ 代替 n，因此基本色谱分离方程可变为：

$$n_{有效}=n\left(\frac{k}{1+k}\right)^2 \tag{1-24}$$

$$R=\frac{\sqrt{n_{有效}}}{4}\left(\frac{\alpha-1}{\alpha}\right) \quad 或 \quad n_{有效}=16R^2\left(\frac{\alpha}{\alpha-1}\right)^2 \tag{1-25}$$

1. 分离度与柱效的关系

当固定相（k）确定，被分离物质的 α 确定后，分离度取决于 n。即：

$$R\propto\sqrt{n} \qquad n=\frac{L}{H} \tag{1-26}$$

$$\Rightarrow\Rightarrow\left(\frac{R_1}{R_2}\right)^2=\frac{n_1}{n_2}=\frac{L_1}{L_2} \tag{1-27}$$

说明增加柱长，可提高分离度，但延长了分析时间，因此制备一根性能优良的柱子，降低板高，提高柱效，才是提高分离度的好方法。

2. 分离度与选择因子的关系

$$R\propto\frac{\alpha-1}{\alpha}=1-\frac{1}{\alpha} \tag{1-28}$$

由基本色谱分离方程判断，当 $\alpha=1$ 时，$R=0$。这时，无论怎样提高柱效也无法使两组分分离。α 大，选择性好。研究证明 α 的微小变化，就能引起分离度的显著变化。一般通过改变固定相和流动相的性质和组成或降低柱温，可有效增大 α 值。

3. 分离度与容量因子的关系

$$R\propto\frac{k}{k+1} \tag{1-29}$$

根据基本色谱分离方程，增大 k 可以适当增加分离度 R，但当 $k>10$ 时，随容量因子增大，分离度 R 增加是非常少的。一般取 k 为 1～10 最佳。对于气相色谱，通过提高柱温，可选择合适的 k 值，以改善分离度。而对于液相色谱，只要改变流动相的组成，就能有效

地控制 k 值。

【例 1-3】 如果柱长 L_2 为 1m 时，分离度为 0.8，要实现完全分离（$R=1.5$），色谱柱 L_1 至少应有多长？

解

$$\frac{L_1}{L_2}=\left(\frac{R_1}{R_2}\right)^2=\left(\frac{1.5}{0.8}\right)^2$$

$$L_1=3.52L_2=3.52\text{m}$$

答：色谱柱至少应有 3.52m 长。

【例 1-4】 用 3m 长的填充柱得到如图所示的色谱流出曲线，为了得到 $R=1.5$ 的分辨率，填充柱最短需要多少米？

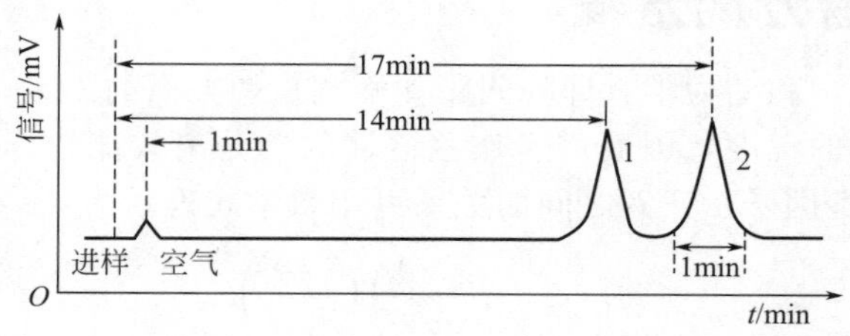

解

$$n_1=16\left(\frac{t_R}{W_b}\right)^2=16\left(\frac{17\text{min}}{1\text{min}}\right)^2=4624$$

$$H=\frac{300\text{cm}}{4624}=0.0649\text{cm}$$

$$\alpha=\frac{t'_{R_2}}{t'_{R_1}}=\frac{(17-1)\text{min}}{(14-1)\text{min}}=1.231$$

$$k=\frac{t'_R}{t_M}=\frac{(17-1)\text{min}}{1\text{min}}=16$$

$$n=16\times1.5^2\left(\frac{1.231}{1.231-1}\right)^2\times\left(\frac{16+1}{16}\right)^2=1154$$

$$L_2=1154\times0.0649\text{cm}=75\text{cm}=0.75\text{m}$$

【例 1-5】 有一根 1.5m 长的柱子，分离组分 1 和 2，得到如图所示的色谱图。图中横坐标为记录纸走纸距离。

（1）求此两种组分在该色谱柱上的分离度和该色谱柱的有效塔板数。

（2）如要使 1、2 完全分离，色谱柱应该要加到多长？

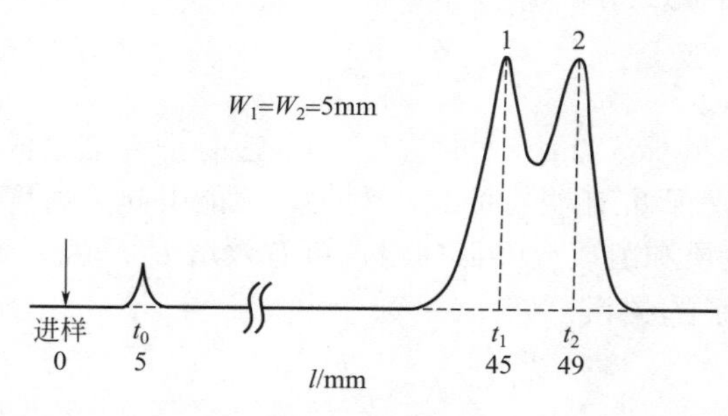

解 （1）先求出组分 2 对组分 1 的相对保留值 $\gamma_{2,1}$（即 α 值）

$$\alpha=\gamma_{2,1}=\frac{t'_{R_2}}{t'_{R_1}}=\frac{49-5}{45-5}=1.1$$

求出分离度：

$$R=\frac{2(t_{R_2}-t_{R_1})}{(W_{b_2}+W_{b_1})}=\frac{2\times(49-45)}{5+5}=0.8$$

求有效塔板数：

$$n_{有效}=16\times\left(\frac{t'_{R_2}}{W_b}\right)^2=16\times\left(\frac{49-5}{5}\right)^2=1239$$

（2）该柱有效塔板高度为：

$$H_{有效}=\frac{L}{n_{有效}}=\frac{1.5}{1239}=1.21\times10^{-3}(m)$$

完全分离的条件是分离度 $R=1.5$

此时色谱柱的有效塔板数为：

$$n_{有效}=16R^2\left(\frac{\alpha}{\alpha-1}\right)^2=16\times1.5^2\times\left(\frac{1.1}{1.1-1}\right)^2=4356$$

$$L=n_{有效}H_{有效}=4356\times1.21\times10^{-3}=5.27\ (m)$$

任务四　认识气相色谱仪

气相色谱法（GC）是英国生物化学家 Martin 等人在研究液-液分配色谱的基础上，于1952 年创立的一种极有效的分离方法，它是以气体为流动相、液体（高沸点的有机液体）或固体（表面具有一定活性的固体吸附剂）为固定相的色谱分析法。目前由于使用了高效能的色谱柱、高灵敏度的检测器及微处理机，使得气相色谱法成为一种分析速度快、灵敏度高、应用范围广的分析方法。

气相色谱法主要用于容易气化且热稳定性好的各种有机化合物以及气态样品的分析。对于高沸点、难挥发的及热不稳定的化合物、离子型化合物的分离却无能为力。气相色谱法在石油化工、生物医学、环境检测等领域中得到广泛应用。近年来，随着气相色谱与其它仪器联用技术的快速发展使其应用进一步扩展，如气相色谱与质谱（GC-MS）联用、气相色谱与 Fourier 红外光谱（GC-FTIR）联用、气相色谱与原子发射光谱（GC-AES）联用等。

气相色谱分析法分离分析样品时，其简单的工作流程见图 1-15。载气（一般用氮气或氢气）由高压钢瓶供给，经减压阀减压后，载气进入净化管干燥净化，然后由稳压阀和针形阀分别控制载气的压力和流量，并由流量计显示载气进入色谱柱之前的流量后，以稳定的压

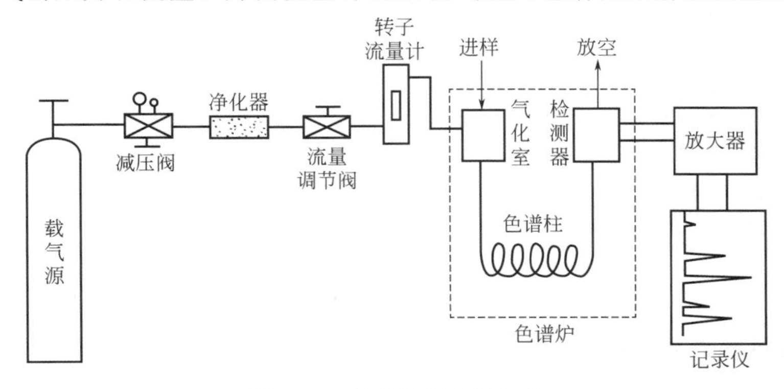

图 1-15　气相色谱分析流程

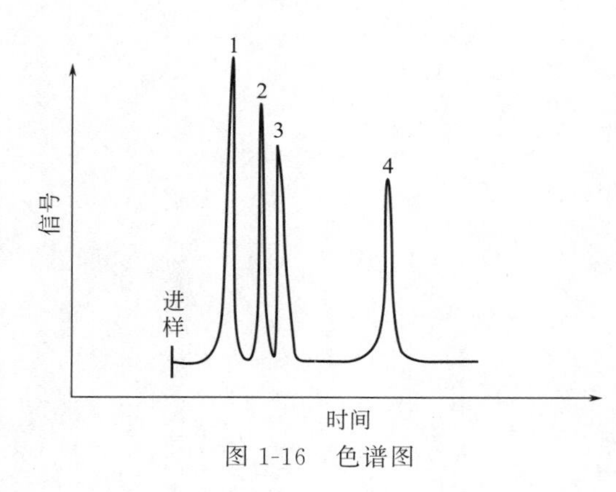

图 1-16 色谱图

力依次进入气化室、色谱柱、检测器后放空。待气化室、色谱柱和检测器的温度以及基线稳定后，在气化室中注入样品，样品瞬间气化并被载气带入色谱柱进行分离。分离后的各组分，先后流出色谱柱进入检测器，检测器将其浓度信号转变成电信号，再经放大器放大后在记录器上显示出来，就得到了色谱的流出曲线，见图 1-16。利用色谱流出曲线上的色谱峰就可以进行定性、定量分析。这就是气相色谱法分析的过程。

气相色谱仪型号种类繁多，但是其基本结构是一致的，都是由气路系统、进样系统、分离系统、检测系统、温度控制系统和数据处理系统六部分组成。

一、气路系统

（一）常见气路系统

常见的气路有单柱单气路、多（双）柱单气路、双柱双气路三种类型。

单柱单气路色谱仪　即一根色谱柱、一条气路，结构如图 1-15 所示。其结构简单，操作方便，常用，使用于恒温分析。

多（双）柱单气路　将两根装有不同固定相的柱子串联起来，解决单柱不易解决的问题。

双柱双气路　将载气分成两路，分别进入两个装填完全相同的柱子，再分别进入检测器的两臂或进入两个检测器，其中一路作为分析用，一路供补偿用，消除条件误差，这种结构（如图 1-17 所示）可以补偿气流不稳或固定液流失对检测器产生的干扰，适用于程序升温操作和痕量物质的分析。

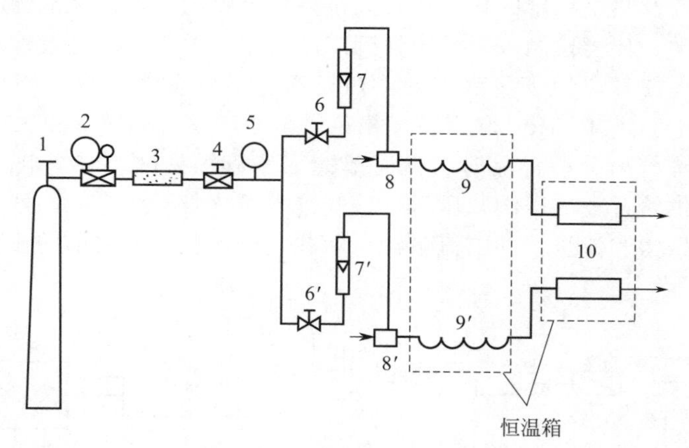

图 1-17 双柱双气路气相色谱仪结构示意图

1—载气钢瓶；2—减压阀；3—净化器；4—稳压阀；5—压力表；6，6′—针形阀；7，7′—转子流速计；8，8′—进样-气化室；9，9′—色谱柱；10—检测器

（二）气路系统作用及要求

气相色谱仪的气路系统作用是供给色谱分析所需要的载气、燃气、助燃气。其气路是一

个连续运行的密闭管路系统。整个气路系统要求载气纯净、密闭性好、流速稳定及流量测量准确。

气相色谱分析中，载气所走的路线，在前面气相色谱仪的工作流程中已经提到，在此不再叙述。载气是载送样品进行分离的惰性气体，是气相色谱的流动相。常用的载气为氮气、氢气。氦气、氩气由于价格高，应用较少。

气相色谱分析中，当使用氢火焰离子化检测器、火焰光度检测器或者氮磷检测器时，需要用到燃气（氢气）和助燃气（空气）。燃气和助燃气走的路线是：燃气（助燃气）由气体钢瓶（或气体发生器）提供，经减压阀减压后，进入净化管干燥净化，然后由稳压阀和针形阀分别控制燃气（助燃气）的压力和流量，最后直接进入检测器燃烧。

（三）气路系统主要部件及其维护和保养

1. 高压钢瓶和减压阀及其维护和保养

高压钢瓶是提供连续气体（气相色谱中常用的气体有 N_2、H_2 和空气）的气源，减压阀对高压气体（氢气、氮气、氩气和氦气等，压力通常有 1～15MPa）减压，一般减至 0.2～0.4MPa。

高压钢瓶顶部装有开关阀，瓶阀上装有防护装置（钢瓶帽），每个气体钢瓶筒体上都套有两个橡皮腰圈，以防振动后发生撞击。为了保证安全，各类气体钢瓶都必须定期做抗压试验。高压气瓶阀又称为总阀。

高压钢瓶总阀是逆时针打开，顺时针关闭。而减压阀是顺时针打开，逆时针关闭，也可以根据减压阀的松紧状态来判断其打开、关闭的方向，减压阀是越拧越紧为开，越拧越松为关。高压气瓶阀与减压阀的结构如图 1-18 所示。

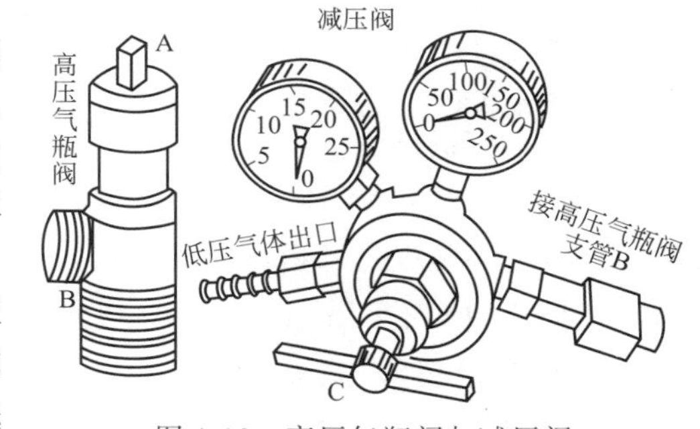

图 1-18　高压气瓶阀与减压阀

用高压钢瓶时，打开钢瓶总阀之前应检测减压阀是否已经关好，否则容易损害减压阀。不用气时，应先关闭总阀，待压力表指针指向零点后，再将减压阀关闭（避免减压阀中的弹簧长时间压缩失灵）。

实验室常用减压阀有氢气、氧气、乙炔三种。每种减压阀只能用于规定的气体物质，如氢气钢瓶选用氢气减压阀；氮气、空气钢瓶选用氧气减压阀；乙炔钢瓶选乙炔减压阀等，不能混用。导管、压力计也必须专用，千万不可忽视。安装时应先检查螺纹是否符合，然后用手拧满全螺纹后，再用扳手拧紧。

载气纯度对基线噪声影响较大，载气不纯会带来如下四个问题：

① 载气中氧的存在导致固定相氧化，损坏色谱柱，改变样品的保留值。

② 载气中水的存在导致部分固定相或硅烷化担体发生水解，甚至损坏色谱柱。目前部分色谱柱可以进水样，所以进水样前需要确认该色谱柱能否进水样，对于能进水样的色谱柱，使用时仍需注意定期老化，以延长色谱柱使用寿命。

③ 气体中有机化合物或其它杂质的存在产生基线噪声和拖尾现象。

④ 气体中夹带的颗粒杂质可能使气路控制系统失灵。

因此，选择载气首先关注纯度。通常要求载气纯度达到 99.99%或者 99.999%以上，使用时，必须保证 10%的钢瓶气保有量（如果新买的钢瓶气压力是 15MPa，那么当钢瓶气剩下 1.5MPa 时，需更换新的钢瓶气）。气体钢瓶底部会残留大分子物质，如果继续使用，会污染管路和流路系统，对分析结果造成不必要的影响，因此在实际工作中需要定期检查钢瓶气的剩余压力。为了进一步提高载气的纯度，可以在高压钢瓶和气相色谱仪之间加装载气净化装置。

2. 净化管及其维护和保养

气体钢瓶供给的气体经减压阀后，必须经净化管净化处理，以除去水分和杂质，保证进入色谱柱的气体洁净。净化管通常为内径50mm、长200～250mm的金属管，如图1-19所示。

图1-19 净化管

净化管内主要填装分子筛、变色硅胶与活性炭，净化剂使用一段时间后净化能力会下降以至于失去净化能力，因此需定期对净化剂进行活化处理，活化后可重新装入使用。净化管的出口应当用少量脱脂棉轻轻塞上，严防净化剂粉尘流出净化管进入色谱仪。

3. 稳压阀、针形阀、稳流阀及其维护和保养

由于气相色谱分析中所用气体流量较小（一般在100mL/min以下），所以单靠减压阀来控制气体流速是比较困难的。因此，通常在减压阀输出气体管路中还要串联稳压阀，用以稳定载气（或燃气）的压力。

针形阀用来调节载气流量，也可以用来控制燃气和空气流量。由于针形阀结构简单，当气体进口压力发生变化时，其出口流量也将发生变化，所以针形阀不能精确地调节流量。

气相色谱仪进行程序升温操作时，由于色谱柱柱温不断升高引起色谱柱阻力不断增大，会使载气流量发生变化。使用稳流阀可以在气路阻力发生变化时，维持载气流速的稳定性。

稳压阀、针形阀及稳流阀的调节需缓慢进行。稳压阀不工作时，必须放松调节手柄（顺时针转动）；针形阀不工作时，应将阀门处于“开”的状态（逆时针转动）。对于稳流阀，当气路通气时，必须先打开稳流阀的阀针，流量调节应从大流量调到所需要的流量。稳压阀、针形阀及稳流阀均不可作开关使用，各种阀的进、出口不能接反。

4. 流量计及其维护和保养

气相色谱分析时，可根据所需流量调节稳流阀至对应的值。如果需要对流量进行准确测量或校准，则可使用皂膜流量计进行测量。皂膜流量计量气管下方有气体进口和橡胶滴头（图1-20），使用时先向橡胶滴头中注入肥皂水，挤动橡胶滴头就有皂膜进入量气管。当气体自气体进口进入时，顶着皂膜沿着管壁向上移动。用秒表测定皂膜移动一定体积时所需时间，就可以计算出载气体积流速（mL/min），测量精度达1%。

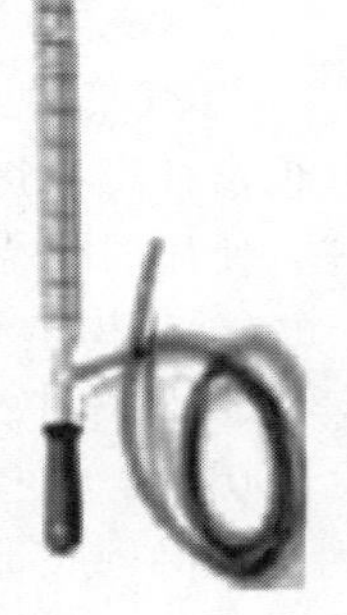

图1-20 皂膜流量计

皂膜流量计在使用时，尽量保持垂直，以免影响测量的准确度。要注意保持皂膜流量计的清洁、湿润，要用澄清的皂水，或其它能起泡的液体（如烷基苯磺酸钠等），使用完毕应洗净、晾干（或吹干）放置。

5. 连接管路及其维护和保养

气相色谱仪内部的连接管路多采用不锈钢管或紫铜管。有的也用成本低的尼龙管或聚四氟乙烯管，但效果不如金属管好，时间久了尼龙管或聚四氟乙烯管容易渗氧，而对仪器造成损害。连接管道时，要求既要保证气密性，又不损坏接头。

新管路和长期使用后的金属管路需要清洗时，应先用无水乙醇进行清洗，可并用干燥氮气进行吹扫。如果用无水乙醇清洗后管路仍不通，可用洗耳球加压吹洗，加压后仍无效，可考虑用细钢丝捅针疏通管路。

6. 气路的日常检漏

气路系统漏气会导致基线不稳定，基线不能调零，色谱峰发生变化，多次进样重现性差。用氢气作载气时，氢气若从色谱柱接口漏进恒温箱，可能会发生爆炸事故。所以，要经常认真仔细地对气相色谱仪进行检漏。检漏的方法如下：

（1）严重漏气　打开气源能听到明显的“嗞嗞”声，说明管道严重漏气。可调大气路流量，在漏气声的附近，用皂液依次检查管路接头，明确漏气的位置（皂沫法检漏）。检漏完毕应用干布将皂液擦干净，避免时间久了，腐蚀金属接头。

（2）一般漏气　堵住气路出口，转子流量计不能回零，或者压力表缓慢下降，表明气路系统存在漏气。可对气路系统分段试漏。方法是：依次堵住转子流量计、进样口、色谱柱、检测器出口，观察转子流量计和压力表的读数变化情况，以明确气路系统漏气的位置（堵气法检漏）。

二、进样系统

进样就是将样品快速定量引入色谱系统，并使样品瞬间气化。进样量的大小，进样的速度，样品气化的速度等都会影响色谱分离效率和定量结果的准确性、重复性。进样系统包括进样器和气化室。

目前，气相色谱仪的进样器有阀进样器、针进样器和自动进样器等。

（一）进样器

1. 阀进样器

进气体样品时，通常使用图 1-21 所示的进样阀而不是进样器。气体样品采用阀进样不仅定量重复性好，而且可以与环境空气隔离，避免空气对样品的污染。采用阀进样的系统可以进行多柱多阀的组合进行一些特殊分析。气体进样阀的样品定量环体积一般在 0.25mL 以上。液体样品也可以通过进样阀进样（如图 1-22 所示），固体样品可以溶液的形式进样，也可将样品密封在薄壁瓶中，插在色谱柱的头部，然后从外部刺穿或打碎小瓶。阀进样器操作方便、进样迅速、结果准确，进样的重现性可高于 0.5%。

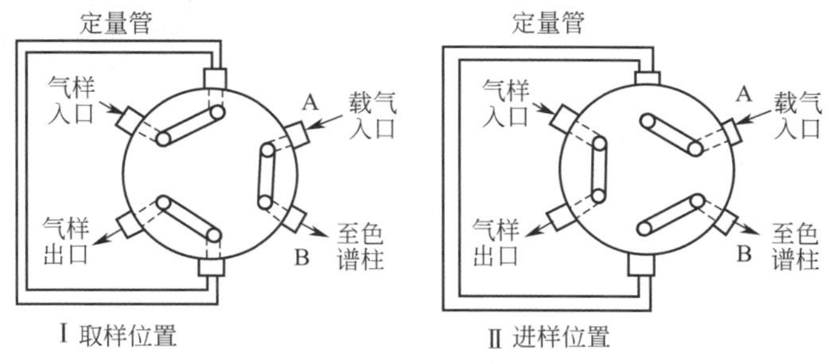

图 1-21　气体进样阀的结构图

2. 针进样器

针进样器主要用于常压气体样品、液体样品（固体样品也可选择合适溶剂溶解后变成液体样品）的进样分析，操作简单、灵活，但操作误差比自动进样器大。

液体样品采用微量注射器直接注入气化室进样。常用的微量注射器有 1μL、5μL、10μL

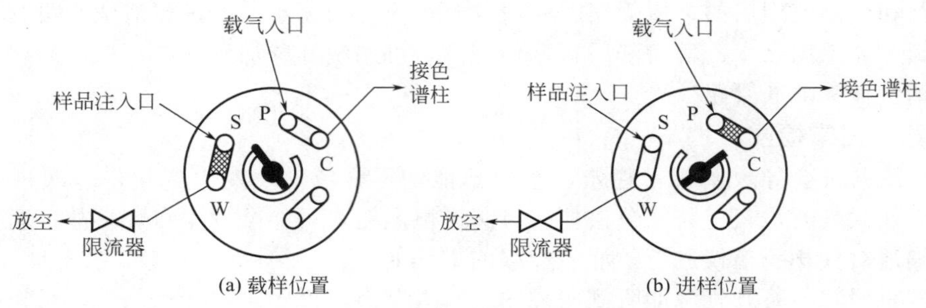

图 1-22　液体进样阀的结构图

等。微量注射器的操作规范如下：

吸取样品前，应先用丙酮或乙醚抽洗 5～6 次后，再用被测样品抽洗 5～6 次，然后缓慢抽取（抽取过快针管内易吸入气泡）一定量试液（稍多于需要量），如有气泡吸入，排除气泡（排除气泡方法：缓慢吸取一定量待测试液，然后快速将其推入样品瓶中，来回几次一般即可排除微量注射器中的气泡），再排去过量的试液（排除多余样品前在针尖杆上插入一张滤纸，针尖向上定量）。

取样后立即进样，进样时应使注射器针尖垂直于进样口，左手把持针尖以防弯曲，并辅助用力（左手不要触碰进样口，以防烫伤），右手握住注射器，刺穿硅橡胶垫，快速准确地推进针尖杆（针尖不要碰气化室内壁，针尖应扎到底），用右手食指轻巧、迅速地将样品注入（沿注射器轴线方向用力，以防把注射器柱塞杆压弯），注射完成后立即拔出注射器。整个过程要求稳当、连贯、迅速，进样针位置及速度，针尖停留和拔出速度都会影响进样的重现性，手动进样的相对误差一般在 2%～5%。微量注射器进样姿势如图 1-23 所示。

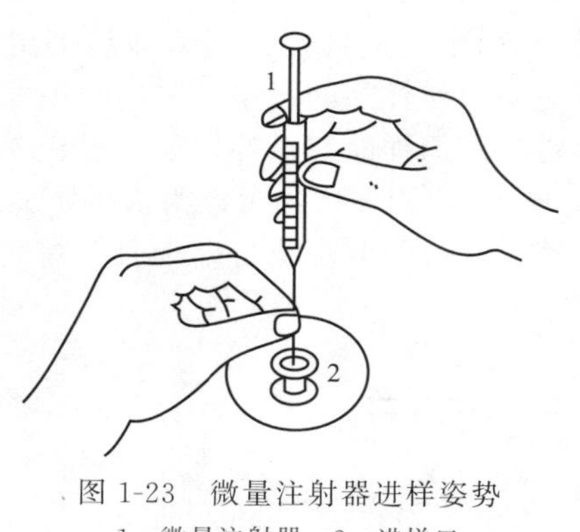

图 1-23　微量注射器进样姿势

1—微量注射器；2—进样口

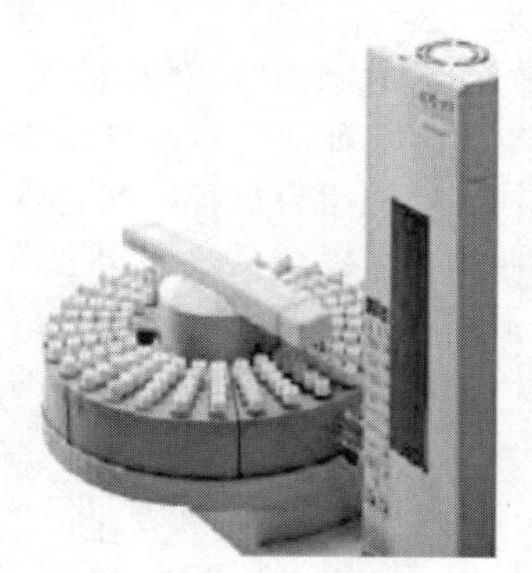

图 1-24　自动进样装置

3. 自动进样器

进样重现性最好的是使用较新的有自动进样装置的气相色谱仪，自动进样器具有圆盘状样品架（图 1-24）。用自动进样器吸取样品，自动注入色谱仪。使用自动进样器前，先将样品装入小瓶中，放入样品转盘上，自动进样器穿过样品瓶的隔膜吸取样品，然后刺穿气相色谱隔膜将样品注入色谱柱内。如图所示转盘上可放置多至 150 个样品瓶。进样体积为 0.1μL（用 10μL 进样器）到 200μL（200μL 进样器）。自动进样系统的标准偏差通常低至 0.3%。

（二）汽化室

汽化室的作用是将液体样品瞬间汽化为蒸气。它实际上是一个加热器，通常采用金属块作加热体。一般气化室温度设定比柱温高 30～70℃或比样品中组分最高沸点高 30～50℃。气相色谱分析要求汽化室热容量要大，温度要足够高，汽化室体积尽量小、无死角，以防止样品扩散，减小死体积，提高柱效。当用注射器针头直接将样品注入热区时，样品瞬间汽化，然后由预热过的载气（载气先经过已加热的汽化器管路），在汽化室前部将汽化了的样品迅速带入色谱柱内，如图 1-25 所示。汽化室内不锈钢套管中插入石英玻璃衬管能起到保护色谱柱的作用。进样口使用硅橡胶材料的密封隔垫，其作用是防止漏气。硅橡胶密封隔垫在使用一段时间后会失去密封作用，应注意定期更换。

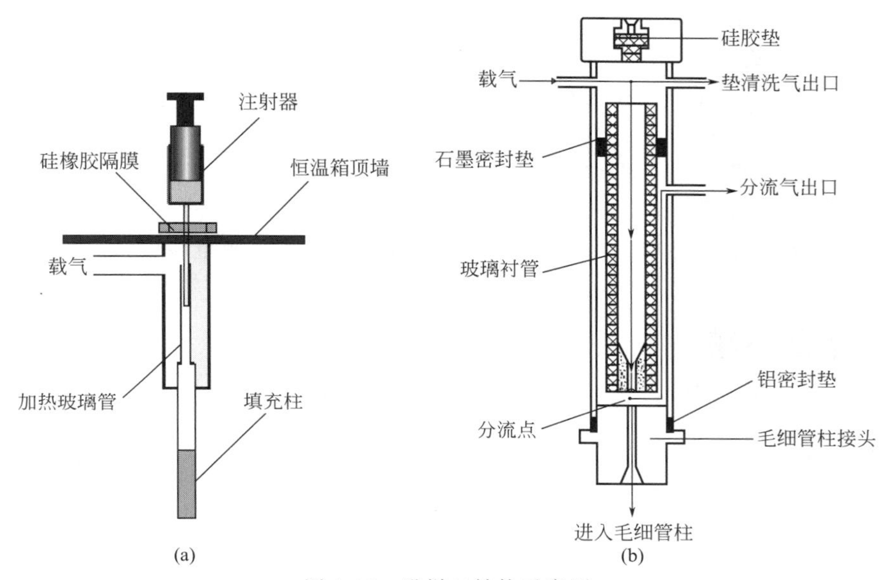

图 1-25　进样口结构示意图

使用普通填充柱［见图 1-25(a)］时，进样量的范围是从零点几微升到二十几微升，不需分流。使用毛细管柱［图 1-25(b)］时，为了防止色谱柱过载要使用分流进样器。样品在分流进样器中汽化后，只有一小部分样品进入毛细管，而大部分样品随着载气由分流气体出口放空。在分流进样时，进入毛细管柱内载气流量与放空的载气流量（即进入色谱柱的样品量与放空的样品量）之比称为分流比。毛细管柱分析时使用分流比一般在（1∶10)～(1∶100）之间。

除了分流进样外，还有分流/不分流进样、顶空进样、冷柱头进样、程序升温进样等进样方式，随着毛细管柱使用越来越广泛，分流/不分流进样成为最常用的进样方式，相关内容可查阅资料。

（三）进样系统的维护

1. 六通阀的维护

六通阀在使用时应绝对避免带有小颗粒固体杂质的气体进入六通阀，否则转动阀盖时，固体颗粒会擦伤阀体，造成漏气。用平面六通阀进行气体取样时，为保证分析结果的重复性需保持每次进样时气体流量和压力重复一致。六通阀使用一段时间后，应将其卸下进行清洗。

2. 进样口的维护

定期更换硅橡胶隔垫，更换的频率取决于隔垫的质量、进样次数与进样口使用的温度；在保证样品汽化效率的前提下，使用可行的最低温度可在一定程度上避免隔垫与 O 形圈的降解；使用时将隔垫拧得太紧，不但会降低隔垫寿命，还会导致微量注射器进样困难，甚至还会导致进样口漏气；使用干净的衬管和干净的微量注射器可减少进样口的污染。

仪器长期使用，硅橡胶微粒会慢慢积聚造成进样口管道堵塞或者气源净化不够使进样口沾污，此时可对进样口进行清洗。方法是：先从进样口处拆下色谱柱，旋下散热片，清除导管和接头部件内的硅橡胶微粒，接着用丙酮和蒸馏水依次清洗导管和接头并吹干，然后按拆卸的相反程序进行安装，最后进行气密性检查。

3. 微量注射器的维护

微量注射器使用前需先用丙酮等溶剂洗净，使用后需立即清洗（清洗溶液顺序：5% NaOH 水溶液、蒸馏水，丙酮、氯仿，最后用真空泵抽干），防止芯子被样品中高沸点物质沾污而堵塞；切忌用强碱性溶液洗涤，防止玻璃受腐蚀和不锈钢零件受腐蚀而漏水漏气。

注射器针尖为固定式的，不宜吸取有较粗悬浮物质的溶液；针尖堵塞，可用 ϕ0.1mm 不锈钢丝串通；高沸点样品在注射器内部分冷凝时，不得强行多次来回抽动拉杆，防止因芯子卡住或磨损而造成损坏；若发现注射器内有不锈钢氧化物（发黑现象）影响正常使用，可在不锈钢芯子上蘸少量肥皂水塞入注射器内，来回抽拉几次、洗净即可；注射器针尖不宜在高温下工作，更不能用火直接烧，防止针尖因退火而失去穿戳能力。

三、分离系统

分离系统部件包括柱箱和色谱柱。色谱柱是色谱分析的心脏部分，作用就是把样品中的各个组分分离开来。

（一）柱箱

柱箱是一个精密的控温箱。柱箱包括柱箱尺寸和柱箱的控温参数两个基本参数。

柱箱的尺寸主要关系到是否能安装多根色谱柱，以及操作是否方便。目前气相色谱仪柱箱的体积一般不超过 15L。

柱箱的控温精度通常为±0.1℃。柱箱的控温范围一般在室温～450℃，且均带有多阶程序升温设计，能满足色谱优化分离的需要。部分气相色谱仪带有低温功能，低温一般用液氮或液态 CO_2 来实现，主要用于冷柱进样。

（二）色谱柱

色谱柱主要有两类：填充柱和毛细管柱。试样中各组分的分离在色谱柱中进行，选择合适的色谱柱是分析中的关键步骤。

1. 填充柱

填充柱由柱管和固定相组成，柱管材料多为不锈钢或玻璃，内径为 3～4mm，长 1～3m 的 U 形或螺旋形管子。柱制备对柱效有较大影响，填料装填太紧，柱前压力大，流速慢或将柱堵死，反之空隙体积大，柱效低。根据管内填装的固定相的聚集状态，分为气固色谱填充柱和气液色谱填充柱。

（1）气固色谱填充柱　在管内填充具有多孔性及较大表面积的吸附剂颗粒作为固定相，即构成气固色谱填充柱。试样由载气带入柱子时，立即被吸附剂所吸附。载气不断流过吸附剂时，被吸附的组分又被洗脱下来，称为脱附。由于试样中各组分性质不同，在吸附剂上的吸附能力不一样，较难被吸附的组分就容易被脱附、移动速度快，易被吸附的组分难被洗脱、移动速度慢，经多次反复吸附、脱附，试样中各组分在色谱柱中运行的速度产生差异，彼此分离，先后流出色谱柱。

气固色谱常用的吸附剂有非极性的活性炭、中等极性的氧化铝、强极性的硅胶和新型的高分子多孔微球。气固色谱吸附容量大、热稳定性好、无流失现象，主要用于惰性气体和

H_2、O_2、N_2、CO、CO_2、CH_4 等一般气体及低沸点有机化合物的分析，特别适用于烃类异构体的分离。但气固色谱吸附等温线常常不呈线性，所得的色谱峰往往不对称，只有当试样量很小时，才会有对称峰；重现性差；不宜分析高沸点和有活性组分的试样；且吸附剂活性中心易中毒柱寿命短、不同批制备的吸附剂性能不易重复、色谱峰有拖尾现象等，应用范围有限。表 1-1 列出几种常用吸附剂的性能和使用方法。

表 1-1　气固色谱常用的几种吸附剂及其用途

吸附剂	主要化学成分	最高使用温度	极性	用途
活性炭	C	<300℃	非极性	分离永久性气体，低沸点烃类
石墨化炭黑	C	>500℃	非极性	主要分离气体及烃类
硅胶	$SiO_2 \cdot xH_2O$	随活化温度而定	氢键型	分离永久性气体及低级烃
氧化铝	Al_2O_3	随活化温度而定	弱极性	分离烃类及有机异构体
分子筛	$x(MO) \cdot y(Al_2O_3) \cdot z(SiO_2) \cdot nH_2O$	<400℃	强极性	特别适用于分离永久性气体

(2) 气液色谱填充柱　将液态高沸点有机化合物（固定液）涂渍在化学惰性的固体微粒（用来支持固定液，称为担体或载体）上，然后均匀填装在色谱柱中，即构成气液色谱填充柱。根据试样中各组分在固定液中溶解度的不同而分离。随着载气的运行，溶解能力大的，挥发慢，在柱内移动速度慢；溶解能力小的，挥发快，在柱内移动速度快。经多次反复溶解、挥发，试样中各组分在色谱柱中运行的速度产生差异，彼此分离，先后流出色谱柱。

① 担体　担体（载体）是一种多孔性的、化学惰性固体颗粒。其作用是固定液的支持物，提供一个表面积大的惰性固体表面，使固定液能在它的表面上形成一层薄而均匀的液膜。

对担体的要求是：a. 担体表面应为化学惰性，没有或只有很弱的吸附性，不能与固定液或试样起化学反应；b. 热稳定性好，表面积大，表面多孔且分布均匀；c. 载体粒度适当，颗粒均匀，形状规则，有利于提高柱效，颗粒细小有利于提高柱效，但若过细，使柱压增大，对操作不利，一般选用范围为 40～100 目；d. 机械强度好，不易破碎。

气液色谱常用担体可分为硅藻土型和非硅藻土型两类。硅藻土型担体又可分为红色担体和白色担体两种，红色担体系天然硅藻土煅烧而成，因含氧化铁而呈红色，其表面结构紧密，孔径较小（约 1pm），比表面积大（约 $4.0m^2/g$），力学强度好，可涂布较多固定液；缺点是表面有氢键及酸碱活性作用点，用于非极性固定液，分离非极性样品。白色担体是将硅藻土加助熔剂（碳酸钠）后煅烧而成，氧化铁变成无色铁硅酸钠配合物而呈白色，结构疏松，表面孔径较大（约 8m），比表面积为 $1.0m^2/g$，力学强度不如红色担体，其表面极性中心显著减少，用于极性固定液，分离极性物质。

非硅藻土型担体有氟担体、玻璃微球担体、高分子多孔微球等。氟担体的特点是吸附性弱，耐腐蚀性强，适合于强极性物质和腐蚀性气体的分析；其缺点是表面积较小，机械强度低，对极性固定液的浸润性差，涂渍固定液的量一般不超过 5%。玻璃微球是一种规则的颗粒小球；它具有很小的表面积，通常把它看作是非孔性、表面惰性的担体。玻璃微球担体的主要优点是能在较低的柱温下分析高沸点物质，使某些热稳定性差但选择性好的固定液获得应用；缺点是柱负荷量小，只能用于涂渍低配比固定液，而且，柱寿命较短。国产的各种筛目的多孔玻璃微球担体性能很好，可供选择使用。

硅藻土载体表面不是完全惰性的，具有活性中心，如硅醇基，或含有矿物杂质，如氧化铝、铁等，使色谱峰产生拖尾。因此，使用前要进行化学处理，以改进孔隙结构，屏蔽活性中心，处理方法有酸洗、碱洗、硅烷化及添加减尾剂等。

a. 酸洗　用浓盐酸加热浸煮载体、过滤，水洗至中性。甲醇淋洗，脱水烘干。可除去无机盐，Fe、Al 等金属氧化物，适用于分析酸性物质。

b. 碱洗　用 5%或 10% NaOH 的甲醇溶液回流或浸泡，然后用水、甲醇洗至中性，除去氧化铝，用于分析碱性物质。

c. 硅烷化　用硅烷化试剂与载体表面硅醇基反应，使生成硅烷醚，以除去表面氢键作用力。如：

$$\begin{array}{c}|\\ -Si-OH\\ |\\ O\\ |\\ -Si-OH\\ |\end{array} + Cl-\underset{CH_3}{\overset{CH_3}{Si}}-Cl \longrightarrow \begin{array}{c}\diagdown\ \diagup\\ Si-O\\ |\qquad\\ O\qquad\\ |\qquad\\ Si-O\\ \diagup\ \diagdown\end{array}\!\!\!Si(CH_3)_2 + 2HCl \tag{1-30}$$

常用硅烷化试剂有二甲基二氯硅烷（DMCS）、六甲基二硅烷胺（HMDS）等。

② 固定液　固定液是液态高沸点有机化合物，相较于固体吸附剂，具有组分在两相间的分配等温线多是线性的，峰的对称性好；种类多，使用温度范围宽，选择余地大；用量可以改变，易于涂渍，可制高效填充柱和毛细管柱；组分保留值的重现性较好，色谱柱的寿命较长等优点。

气液色谱填充柱中能起分离作用的固定相是液体，因此，气液色谱柱的选择主要是固定液的选择。理想的固定液应满足：a. 热稳定性好、在操作温度下不热解、蒸气压低、不易流失；b. 化学稳定性好，不与组分、担体、柱材料发生不可逆反应；c. 对组分有适当的溶解度和高的选择性；d. 黏度低，能在担体表面形成均匀液膜，以增加柱效。

气液色谱使用的固定液种类繁多，现在已有上千种固定液，分析时必须针对被测试样的性质选择合适的固定液。一般按照“相似相溶”原则选择固定液，这样分子间的作用力强，选择性高，分离效果好。一般规律如下：

a. 分离非极性物质，则宜选用非极性固定液。此时样品中各组分按沸点从低到高的次序流出色谱柱，即沸点低的先流出，沸点高的后流出。如果非极性混合物中含有极性组分，当沸点相近时，极性组分先流出。

b. 分离极性物质，一般按极性强弱来选择相应极性固定液。样品中各组分按极性由小到大的顺序流出色谱柱。

c. 对于非极性和极性混合物的分离，一般选用极性固定液。此时非极性组分先出峰，极性组分后出峰。

d. 能形成氢键的样品，如醇、酚、胺和水等，则应选用氢键型固定液，如腈、醚和多元醇固定液等，此时各组分将按与固定液形成氢键能力由大到小的顺序流出色谱柱。

e. 对于复杂组分，一般首先在不同极性的固定液上进行实验，观察未知物色谱图的分离情况，然后再选择合适极性的固定液。

以上是选择固定液的大致原则，由于色谱分离影响因素比较复杂，因此选择固定液还可以参考文献资料，通过实验进行选择。

固定液的极性常以“相对极性”P 来分类。以非极性的固定液角鲨烷的相对极性为零，强极性固定液 β,β'-氧二丙腈的相对极性为 100，其它固定液依次通过实验测出它们的相对极性均在 0～100 之间。通常将相对极性分为五级，即每 20 个相对单位为一级。P 在 0～20 之间，相对极性等级标为“+1”，为非极性固定液；21～40，“+2”为弱极性固定液；41～60，“+3”为中等极性固定液；61～80，“+4”为极性固定液；81～100，“+5”为强极性固定液。表 1-2 列出了一些常用固定液相对极性数据、最高使用温度和主要分析对象，供使用时选择参考。

表 1-2　常用的固定液

固定液名称	型号	相对极性	最高使用温度/℃	溶剂	分析对象
角鲨烷	SQ	0	150	乙醚、甲苯	气态烃、轻馏分液态烃
甲基硅油	SE-30	+1	350	氯仿、甲苯	各种高沸点化合物
苯基(10%)甲基聚硅氯烷	OV-3	+1	350	丙酮、苯	各种高沸点化合物、对芳香族和极性化合物保留值大
苯基(50%)甲基聚硅氯烷	OV-17	+2	300		
三氟丙基(50%)甲基聚硅氧烷	QF-1 OV-210	+3	250	氯仿、二氯甲烷	含卤化合物、金属螯合物、甾类
β-氰乙基(25%)甲基聚硅氧烷	XE-60	+3	275	氯仿、二氯甲烷	苯酚、酚醚、芳胺、生物碱、甾类
聚乙二醇	PEG-20M	+4	225	丙酮、氯仿	选择性保留分离含O、N官能团及O、N杂环化合物
聚己二酸二乙二醇酯	DEGA	+4	250	丙酮、氯仿	分离 $C_1 \sim C_{24}$ 脂肪酸甲酯、甲酚异构体
聚丁二酸二乙二醇酯	DEGS	+4	220	丙酮、氯仿	分离饱和及不饱和脂肪酸酯、苯二甲酸酯异构体
1,2,3-三(2-氰乙氧基)丙烷	TCEP	+5	175	氯仿、甲醇	选择性保留低级含O化合物,伯、仲胺,不饱和烃,环烷烃等

2. 毛细管柱

毛细管柱又叫空心柱，柱长一般在 25～100m，内径一般为 0.1～0.5mm，柱材料大多用熔融石英，其形状为螺旋形。毛细管柱因渗透性好、传质快，因而分离效率高（n 可达 10^6）、分析速度快、样品用量小。过去以填充柱为主，但现在，这种情况正在迅速发生变化，除了一些特定的分析之外，填充柱将会被更高效、更快速的毛细管柱所取代！毛细管柱按其固定相的涂布方法可分为以下几种。

涂壁空心柱（WCOT）　将固定液直接均匀地涂在内径 0.1～0.5mm 的毛细管内壁而成，固定相膜厚 0.2～8.0μm。涂壁空心柱具有渗透性好、传质阻力小、柱子可以做得很长(一般几十米，最长可到 30m)、柱效很高、可以分析难分离的复杂样品等特点。缺点是样品负荷量小，进样常需采用分流技术，且固定液容易流失。

多孔性空心柱（PLOT）　在管壁上涂一层多孔性吸附剂固体微粒，不再涂固定液，为气固色谱开管柱，吸附剂可分为无机和有机吸附剂两大类。无机吸附剂包括活性氧化铝、分子筛（5A 和 13X)、石墨化炭黑和碳分子筛、硅胶等。有机吸附剂包括多孔高聚物和环糊精等。该空心柱主要用于永久性气体和低分子量有机化合物的分离。

涂担体空心柱（SCOT）　先在毛细管内壁涂布多孔颗粒，再涂渍上固定液，液膜较厚，柱容量较 WCOT 柱高，但柱效略低。有些 SCOT 柱可看成是 PLOT 柱，再用不同极性的固定液进行改性而成。有时可兼有吸附和分配两种分离机理，具有吸附柱的高选择性和分配柱的高分离效率的优点，能解决使用单一色谱柱难分离的组分，如一些难分离的异构体组分的分离。

交联和化学键合相毛细管柱　将固定相用交联引发剂交联到毛细管管壁上，或用化学键合方法键合到硅胶涂布的柱表面而制成的色谱柱称为交联和化学键合相毛细管柱，具有热稳定性高、柱效高、柱寿命长等特点，现得到广泛应用。表 1-3 列出常用色谱柱的特点和用途。

表 1-3 常用色谱柱的特点及用途

参数		柱长/m	内径/mm	柱效 N/m	进样量/ng	液膜厚度/μm	相对压力	主要用途
填充柱	经典	1～5	2～4	500～1000	10～10^6	10	高	分析样品
	微型		≤1					分析样品
	制备		＞4					制备色谱纯化合物
WCOT	微径柱	1～10	≤0.1	4000～8000	10～1000	0.1～1	低	快速 GC
	常规柱	10～60	0.2～0.32	3000～5000				常规分析
	大口径柱	10～50	0.53～0.75	1000～2000				定量分析

（三）色谱柱的维护

使用色谱柱时应注意以下几点：

① 新制备的或新安装的色谱柱使用前必须进行严格的老化。老化可以使固定液在载体表面有一个再分布的过程，从而促进固定液更加均匀、牢固地分布在载体表面上。

老化的方法：将柱入口端与色谱仪的气化室出口连接，先断开检测器一端，检漏；然后将柱箱温度调至固定液最高使用温度以下 20～30℃，加热，同时以低载气流速（约 10mL/min）通过色谱柱，老化 4～8h。也可以采用低速率程序升温（如 2℃/min）或台阶式升温的方法，分别在不同温度下老化一定时间。

② 新购置的色谱柱一定先测试柱性能是否合格；使用一段时间后柱性能可能下降，当分析结果有问题时，需要用标准试样在一定操作条件下测试色谱柱，并将结果与前一次相同操作条件下测试结果相比较，以确定问题是否出在色谱柱上，每次测试结果都要作为色谱柱数据保存。

③ 柱箱温度的设置必须低于固定液的最高使用温度，否则会造成固定液的流失加速，降低色谱柱的使用寿命；也必须高于固定液的最低使用温度（固定液的最高使用温度和最低使用温度可在色谱铭牌上查找）。仪器有过温保护功能时，每次重新安装色谱柱后都要根据固定液最高使用温度重新设定保护温度（超过此温度，仪器会自动停止加热并报警）。

④ 仪器关机时，必须在柱温和检测器温度降至 50℃以下，才能关闭载气。若温度过高时切断载气，则空气（氧气）吸入会造成色谱柱和检测器系统的氧化。

⑤ 色谱柱暂时不用时，应将其从仪器上卸下，在柱两端垫上硅橡胶垫后用不锈钢螺母拧紧，以免污染柱头。

⑥ 毛细管柱使用一段时间后柱效有大幅度的降低，可能原因有二：其一可能是固定液流失太多，其二可能是由于一些高沸点的极性化合物的吸附而使色谱柱丧失分离能力，这时可以在高温下老化，用载气将污染物冲洗出来。如果柱性能仍不能恢复，就需从仪器上卸下色谱柱，将柱头截去 10cm 或更长，去掉最容易被污染的柱头后再安装测试，这样往往能恢复柱性能。如果还是不起作用，可再反复注射溶剂进行清洗，常用的溶剂依次为丙酮、甲苯、乙醇、氯仿和二氯甲烷。每次可进样 5～10μL，这一办法常能奏效。如果色谱柱性能还不好，就只有卸下柱子，用二氯甲烷或氯仿冲洗（对固定液交联的色谱柱而言），溶剂用量依柱子污染程度而定，一般为 20mL 左右。如果这一办法仍不起作用，说明该色谱柱只有报废了。

四、检测系统

检测系统由检测器与放大器等组成，检测器作用是将经色谱柱分离后依次流出的化学组分的浓度或质量信号变为电信号（如电流、电压等），经放大器放大后输出至数据处理系统。气相色谱仪常用的检测器有热导检测器（TCD）、氢火焰离子化检测器（FID）、电子捕获检测器（ECD）、火焰光度检测器（FPD）以及氮磷检测器（NPD）。

在气相色谱中，检测器的类型可以从三个不同的角度来分类。

其一，根据检测器的响应原理，检测器分为浓度型和质量型检测器。浓度型指检测的是载气中组分浓度的瞬间变化，即响应值与浓度成正比，如 TCD、ECD。浓度型检测器，载气流速改变时，色谱峰的峰高不变，而峰面积随载气流速增大而减少。质量型指检测的是载气中组分进入检测器中质量速度变化，即响应值与单位时间进入检测器的质量成正比。如 FID、FPD、NPD。质量型检测器，载气流速改变时，色谱峰的峰面积在一定范围内基本不变，而峰高随载气流速增大而增大。

其二，根据应用范围，检测器分为通用型检测器和选择型检测器。通用型指对绝大多数物质有响应，如 TCD、FID。选择型指对特定物质有高灵敏响应，如 ECD、FPD、NPD。

其三，根据工作过程，检测器分为破坏型检测器和非破坏型检测器。破坏型指检测过程中样品遭到破坏，不能回收，如 FID、FPD、NPD。非破坏型指检测过程中样品不遭到破坏，可以回收，如 TCD、ECD。

（一）热导检测器（TCD）

热导检测器气相色谱中应用最广泛的通用浓度型检测器，结构简单、稳定性好、对有机物或无机物都有响应、线性范围宽（约 10^4）、不破坏样品、易于和其它检测器联用，但灵敏度较低，一般用于常量或 10^{-5} 数量级分析。

1. 结构与工作原理

（1）结构　热导检测器的主要部件是一个热导池，它由池体和热敏元件构成。热导池池体由不锈钢制成，池体上有四个对称的孔道。在每个孔道中固定一根长短和电阻值相等的螺旋形金属热丝（钨或铼钨合金），孔道与池体绝缘，该金属热丝称为热敏元件。对称孔道之一为测量臂，另一为参比臂，热导检测器的结构如图 1-26 所示。

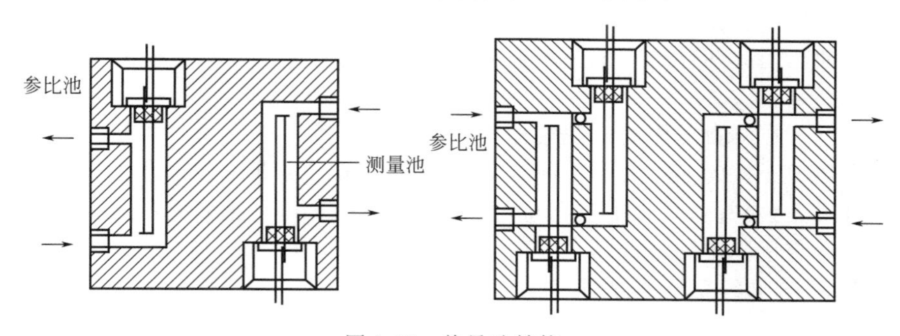

图 1-26　热导池结构

（2）工作原理　热导检测器是根据不同物质与载气具有不同的热导率 λ 这一原理设计的，λ 反映了物质的传热能力，热导率大的组分，传热的能力大，反之传热的能力小，某些气体的热导率见表 1-4。

热导检测器的工作原理图，如图 1-27 所示。将四臂热导池的四根热丝分别作为电桥的四个臂，四根热丝阻值分别为 R_1、R_2、R_3、R_4。在同一温度下，四根热丝阻值相等，即 $R_1=R_2=R_3=R_4$；其中 R_1 和 R_4 为测量池中热丝，作为电桥测量臂；R_2 和 R_3 为参比池中热丝，作为电桥的参考臂。W_1、W_2、W_3 分别为三个电位器，可用于调节电桥平衡和电桥工作电流的大小。

表 1-4 一些化合物蒸气和气体的相对热导率

化合物	相对热导率 He=100	化合物	相对热导率 He=100	化合物	相对热导率 He=100
氦(He)	100.0	乙炔	16.3	甲烷(CH_4)	26.2
氮(N_2)	18.0	甲醇	13.2	丙烷(C_3H_8)	15.1
空气	18.0	丙酮	10.1	正己烷	12.0
一氧化碳	17.3	四氯化碳	5.3	乙烯	17.8
氨(NH_3)	18.8	二氯甲烷	6.5	苯	10.6
乙烷(C_2H_6)	17.5	氢(H_2)	123.0	乙醇	12.7
正丁烷(C_4H_{10})	13.5	氧(O_2)	18.3	乙酸乙酯	9.8
异丁烷	13.9	氩(Ar)	12.5	氯仿	6.0
环己烷	10.3	二氧化碳(CO_2)	12.7		

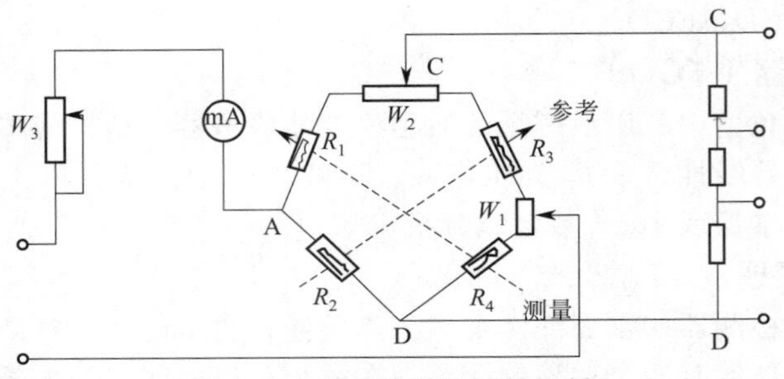

图 1-27 四壁热导池测量电桥

恒定的电流流过热丝，热丝产生的热量与载气带走的热量会建立动态平衡，使热丝电阻值稳定在一定数值上。仅有载气通过时，参比臂和测量臂通过的是同一载气，热导率相同，热丝的温度相同，因此两臂电阻值相同，电桥处于平衡状态，CD 间无信号输出，此时记录仪上记录的是一条直线。

进样分析时，在测量臂中通有载气和样品，而参比臂只有载气，由于载气和组分的热导率不同，带走热敏元件的热量大小不同，其温度也不同，致使参比臂的电阻值与测量臂的电阻值不同，电桥失去平衡，CD 有信号输出，信号大小与组分含量成正比。根据信号大小，这是热导检测器定量测定的基础。

2. 影响热导检测器灵敏度的因素

(1) 载气种类、纯度和流速

① 载气种类　载气与试样的热导率相差越大，在检测器两臂中产生的温差和电阻差也就越大，检测灵敏度越高。载气的热导率大，通过的桥路电流也可适当加大，则检测灵敏度进一步提高。通常选择热导率大的 H_2 和 He 作载气。因为 H_2、He 的热导率远远大于其它化合物，灵敏度高，峰形正常、线性范围宽、易于定量。

② 载气纯度　纯度低将产生较大噪声，降低检测限。实验表明，在桥电流 160～200mA 时，用 99.999%的超纯氢比用 99%普氢灵敏度高 6%～13%。此外长期使用低纯度的载气，载气中的杂质气体会被色谱柱保留，使检测器噪声或漂移增大。载气纯度对峰形也有影响，用 TCD 做高纯气体中的杂质检测时，载气纯度应比被测气体高十倍以上，否则将出倒峰。

③ 载气流速　TCD 为浓度型检测器，对载气流速的波动很敏感，载气流速的波动将导致基线噪声和漂移增大。TCD 的峰面积响应值反比于载气流速。因此，在检测过程中，载气流速必须保持恒定，在柱分离条件许可时，以低载气流速为妥。通过 TCD 两臂的气体流量必须保持一致。

（2）桥电流　通常情况下 TCD 灵敏度 S 与桥电流 i 的三次方成正比。i 增加，热敏元件温度增加，元件与池体间温差增加，气体热传导增加，灵敏度增加。因此常用增大桥流来提高检测器的灵敏度。但是桥电流增加，噪声增大，基线不稳。桥电流太高时，钨丝易被氧化，还可能造成钨丝烧坏。所以在灵敏度满足分析要求的前提下，应选取较低的桥电流。

（3）检测器（池体）温度　不同检测器温度允许的桥电流值是不同的，检测器温度高时桥电流不能太高，因为可能烧坏钨丝。TCD 灵敏度与热丝和池体温度差成正比，显然热丝与池体温度相差越大，越有利于热传导，检测器的灵敏度也就越高。增大温差有两种方法：一是提高桥面流，以提高热丝温度，前面已讨论过；二是降低池体温度，但是池体温度不能低于样品的沸点，以防止试样组分在检测器中冷凝。因此对沸点不是很低的样品，采用此法提高灵敏度是有限的。而对于气体样品，特别是永久气体，采用此法可达到较好的效果。

（4）热敏元件阻值热敏元件阻值高、电阻温度系数大（随温度改变，阻值改变大，或者说热敏性好）的热敏元件，其灵敏度高。

3. 热导检测器的维护和保养

（1）TCD 使用注意事项

① 确保载气净化系统正常　载气应加净化装置，以除去氧气。载气净化系统使用一定时间后，因吸附饱和而失效，应立即更换，以确保载气正常净化。如不及时更换，载气净化系统就成了温度诱导漂移的根源。当室温下降时，净化器不再饱和，又开始吸附杂质，于是基线向下漂移。当室温升高，净化器处于气固平衡状态，向气相中解吸杂质增多，于是基线向上漂移。

② 通桥电流前，务必要先通载气　为确保热丝不被烧断，在 TCD 通桥电流前，务必要先通载气，检查整个气路的气密性是否完好，调节 TCD 出口处的流速，稳定 10～15min 后，才能加桥电流。分析过程中，若需要更换色谱柱、进样垫或钢瓶，务必要先关桥电流，再更换。关机时也一定要先关桥电流，后关载气（否则检测器热丝会烧断），最后关主机电源。

③ 避免热丝温度过高被烧断　任何热丝都有一最高承受温度，高于此温度则烧断。热丝温度的高低（桥电流的大小）是由载气种类和池体温度决定的。如载气用 N_2，桥电流应该低于 150mA；H_2 作为载气时，桥电流则应低于 270mA。在保证分析灵敏度的情况下，应尽量使用低桥电流以延长热丝的使用寿命。

④ 毛细柱端必须插至测量池腔入口处合适的深度。

⑤ TCD 温度必须高于柱温，否则组分会在池体内冷凝。

⑥ 检测器不允许有剧烈振动，以防热丝振断。

（2）热导检测器的清洗　热导池检测器长时间使用或被沾污后，必须进行清洗。方法是将丙酮、乙醚、十氢萘等溶剂装满检测器的测量池，浸泡一段时间（20min 左右）后倾出，如此反复进行多次，直至所倾出的溶液非常干净为止。当选用一种溶剂不能洗净时，可根据污染物的性质先选用高沸点溶剂进行浸泡清洗，然后再用低沸点溶剂反复清洗。洗净后加热使溶剂挥发，冷却至室温后，装到仪器上，然后加热检测器，通载气数小时后即可使用。

（二）氢火焰离子化检测器（FID）

氢火焰离子化检测器是气相色谱中最常用、最重要的检测器。它是通用型、质量型、破坏型检测器，线性范围宽（约 10^7 数量级），稳定性好，灵敏度高（约 10^{-12}g/s）。氢火焰离子化检测器对几乎所有的有机化合物都有响应，但对无机物、永久性气体和水基本上无响应。对载气要求不苛刻，载气中微量水及二氧化碳对载气无影响，受温度和压力的影响最小。

1. 结构与工作原理

（1）结构　氢火焰离子化检测器的主体为离子室，内有石英喷嘴、极化极（即发射极，此图中为火焰顶端）和收集极，结构示意图如图 1-28 所示。离子室是一个金属圆筒，气体入口在离子室的底部，氢气和载气按一定的比例混合后，由喷嘴喷出，再与助燃气空气混合，点燃形成氢火焰。靠近火焰喷嘴处有一个圆环状的发射极（通常是由铂丝制成），喷嘴的上方为加有恒定电压（＋300V）的圆筒形收集极（由不锈钢制成），形成静电场，从而使火焰中生成的带电离子能被对应的电极所吸引而产生电流。

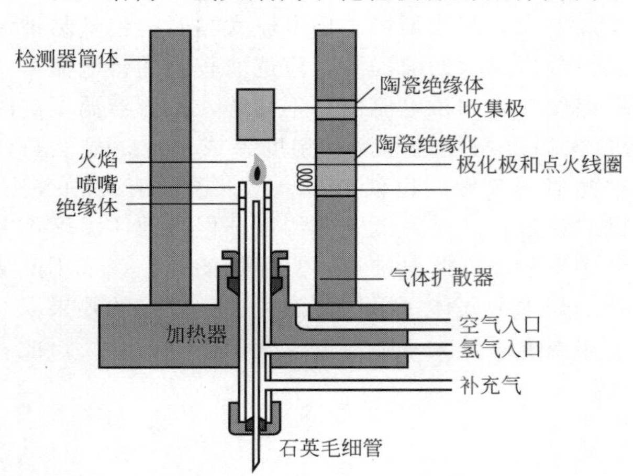

图 1-28　氢火焰离子化检测器结构示意图

（2）工作原理　氢火焰离子化检测器根据气体的电导率与该气体中所含带电离子的浓度成正比设计。一般情况下，组分蒸气不导电，但在能源作用下，组分蒸气可被电离生成带电离子而导电。

H_2 和 O_2 燃烧能产生 2100℃高温，使被测有机组分电离。载气（N_2）本身不会被电离，只有载气中的有机杂质和流失的固定液会在氢火焰中被电离成正、负离子和电子。在电场作用下，正离子移向收集极（负极），负离子和电子移向极化极（正极），形成微电流。经高电阻，在其两端产生电压降，经微电流放大器放大后从输出衰减器中取出信号，在记录仪中记录下来即为基流，或称本底电流、背景电流。只要载气流速、柱温等条件不变，基流亦不变。无样品时两极间离子很少，基流不变。

当载气携带组分进入火焰时，在氢火焰作用下电离生成许多正、负离子和电子，使电路中形成的微电流显著增大。即组分的信号，离子流经高阻放大、记录即得色谱峰。该电流的大小，在一定范围内与单位时间内进入检测器的待测组分的质量成正比，所以火焰离子化检测器是质量型检测器。

2. 影响氢火焰离子化检测器灵敏度的因素

FID 检测器可供色谱工作者选择的参数有：毛细柱插入 FID 喷嘴深度；载气种类；载气、氢气、空气的流速；温度等。

（1）毛细柱插入喷嘴深度　毛细柱插入喷嘴深度对改善峰形十分重要。通常是插入至喷嘴口平面下 1～3mm 处。若太浅，组分与金属喷嘴表面接触，产生催化吸附，峰形拖尾。若插入太深，会产生很大噪声，灵敏度要下降。

（2）气体种类、流速和纯度

① 载气种类和流速　载气不但将组分带入 FID 检测器，同时又是氢火焰的稀释剂。N_2、Ar、He、H_2 等均可作 FID 的载气。N_2、Ar 作载气，灵敏度高、线性范围宽。由于氮气价廉易得、响应值大，故 N_2 是一种常用的载气。

载气流速根据色谱柱分离要求调节，因为 FID 是典型的质量型检测器，峰高与载气流速成正比，而且在一定的流速范围内，峰面积不变。因此做峰高定量，又希望降低检测限时，可适当加大载气流速。当然为了提高定量准确性时，用峰面积定量比用峰高定量好。从线性范围考虑，流速低一点好。

② 氮气、氢气的流速比　氮气作为载气，氢气作为燃气，氮氢比影响 FID 的灵敏度和线性范围。当氮气、氢气流速比为最佳值时，不但响应值大，而且流速有微小变化时对信号的影响最小。一般氮气、氢气流速最佳比为 1∶1，为了较易点燃氢火焰，点火时可以加大氢气的流量，点燃之后再调低至原来值。

③ 空气的流速　空气作为助燃气体，并为离子化过程提供氧气，起着清扫离子室的作用。空气的流速也影响灵敏度。空气与 H_2 的流速比约为（10～20）∶1。当然最好根据实际情况进行确定，一般在选定氢气和氮气流速之后，逐渐增大空气流速到基流不再增大，再过量 50mL/min 就足够了。流速比例调得好则灵敏度大，各种气体流速和配比的选择，一般比较合适的范围：氢气∶载气∶空气＝1∶1∶（10～15）。

④ 气体纯度　做常量分析时，载气、氢气和空气纯度在 99.9％以上即可。但在做痕量分析时，则要求三种气体纯度更高，一般要求在 99.999％以上，空气中的总烃小于 0.1μL/L。气源中的杂质会产生噪声、基线漂移、假峰、柱流失和缩短柱寿命。通常超纯氮气发生器所产生的氮气纯度可达 99.9995％，氢气发生器所产生的氢气纯度可达 99.99999％。这些气源用于 FID 痕量分析，基线稳定性好，使用这些气源是可靠的。

（3）极化电压　在 500V 以下时，电压越高，灵敏度越高。但在 500V 以上，则灵敏度增加不明显。通常选择 100～300V 的极化电压。

（4）FID 温度　FID 对温度变化不敏感，但在 FID 内部产生的水蒸气不能从检测器中排出，若 FID 温度低于 80℃，水蒸气会冷凝成水，使灵敏度下降，噪声增加。若有氯代溶剂或氯代样品时，还易造成腐蚀。所以 FID 检测器温度务必在 120℃以上。

3. 氢火焰离子化检测器的维护和保养

① 尽量采用高纯气体，空气必须经过 5A 分子筛充分净化。

② 在最佳 N_2/H_2 以及最佳空气流速的条件下使用。

③ 色谱柱必须经过严格的老化处理。

④ 离子室要注意避免外界干扰，保证使它处于屏蔽、干燥和清洁的环境中。

⑤ 点火时，FID 检测器温度务必在 120℃以上。点火困难时，适当增大氢气流速，减小空气流速，点着后再调回原来的比例。检测器要高于柱温 20～50℃，防水冷凝。

⑥ FID 长期使用后喷嘴有可能发生堵塞，造成火焰燃烧不稳定、漂移和噪声增大等故障。实际操作过程中应经常对碰嘴进行清洁。

⑦ 注意安全。防氢气泄漏，切勿让氢气泄漏入柱恒温箱中，以防爆炸。注意以下几点即可：a. 在未接色谱柱和柱试漏前，切勿通氢气；b. 卸色谱柱前，先检查一下，氢气是否关好；c. 测定流量时，一定不能让氢气和空气混合，即测氢气时要关闭空气阀门，反之亦然；d. 如果是双柱双检测器色谱仪，只有一个 FID 检测器工作时，务必要将另一个不用的 FID 用闷头螺丝堵死；e. 防烫伤，因为 FID 外壳很烫。

（三）电子捕获检测器（ECD）

电子捕获检测器（ECD）是一种灵敏度高、选择性强的浓度型、非破坏型检测器，其应用仅次于热导检测器和氢火焰离子化检测器。ECD 主要对含有较大电负性原子的化合物响应，如含 S、P、卤素的化合物、金属有机物及含羰基、硝基、共轭双键的化合物。它特别适合于环境样品中卤代农药和多氯联苯等微量污染物的分析，对大多数烃类没有响应。

1. 结构与工作原理

（1）结构　电子捕获检测器的结构如图 1-29 所示。电子捕获检测器的主体是电离室，目前广泛采用的是圆筒状同轴电极结构。阳极是外径约 2mm 的铜管或不锈钢管，金属池体为阴极，阳极与阴极之间用陶瓷或聚四氟乙烯绝缘，两极间施加直流或脉冲电压。离子室内壁装有 β 射线放射源，常用的放射源是 ^{63}Ni。载气用 N_2 或 Ar。

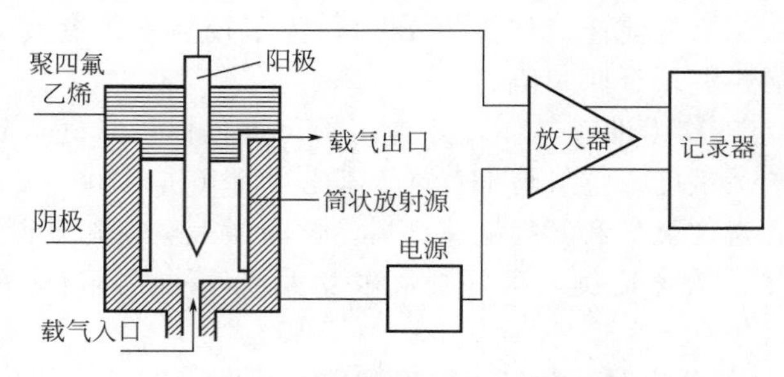

图 1-29　电子捕获检测器结构示意图

（2）工作原理　当载气（N_2）从色谱柱流出进入检测器时，放射源放射出的射线使载气电离，产生正离子及低能量电子：

$$N_2 \xrightarrow{\beta射线} N_2^+ + e^- \tag{1-31}$$

这些带电粒子在外电场作用下向两电极定向流动，形成了约为 10^{-8}A 的离子流，即为检测器基流。当电负性物质 AB 进入离子室时，因为 AB 有较强的电负性，可以捕获低能量的电子，而形成负离子，并释放出能量。电子捕获反应如下所示：

$$AB + e^- \longrightarrow AB^- + E \tag{1-32}$$

反应式中，E 为反应释放的能量。电子捕获反应中生成的负离子 AB^- 与载气的正离子 N_2^+ 反应复合生成中性分子，反应式为：

$$AB^- + N_2^+ \longrightarrow N_2 + AB \tag{1-33}$$

由于电子捕获和正负离子的复合，使电极间电子数和离子数目减少，致使基流降低，产生了样品的检测信号。产生的电信号是负峰，负峰的大小与样品的浓度成正比。

2. 影响电子捕获检测器灵敏度的因素

（1）载气种类、纯度和流速

① 载气种类　N_2、Ar、He、H_2 等均可作 ECD 的载气。N_2、Ar 作载气时灵敏度高于 He、H_2，由于氮气价廉易得、响应值大，故常用 N_2 作载气。

② 纯度　载气纯度直接影响 ECD 的基流，一般用高纯 N_2（99.999%）含 O_2＜10mg/L。若用普通 N_2（含 O_2 量 100mg/L），必须净化除去残留的氧和水等，因为 O_2 是电负性物质，可使基流降低很多。

③ 流速　载气与尾吹气流速的调节有不同的目的意义。载气主要从组分分离要求出发，通常用填充柱时载气流量为 20～50mL/min。尾吹气流速的调节为：减小谱带展宽、保持毛细柱达到一定的柱效；保持 ECD 达饱和基流；使峰面积或峰高达到最大响应。

（2）检测器温度　ECD 的使用温度应该保证样品中的各组分及色谱柱流失的固定液在检测中不发生冷凝。ECD 的响应值明显受检测器温度的影响，采取升高或降低检测器温度，使被测物组分信号增大，干扰物响应减小，来达到选择性检测的目的。因此，检测器温度波动必须小于±(0.1～0.3)℃，以保证测量精度在 1%以内。另外，在比较同一化合物的响应值或最小检测量时，注意温度应相同，并要标明温度。

（3）极化电压　ECD极化电压对基流和响应值都有影响，选择饱和基流85%时的极化电压为最佳极化电压。直流供电型的ECD，极化电压为20～40V；脉冲供电型的ECD，极化电压为30～50V。

3. 电子捕获检测器的维护和保养

① 尽可能选用高纯的载气（最好纯度大于99.9995%），所用净化器需及时更换或活化，防止净化器变成污染源。

② 为防止注射器、样品瓶等的交叉污染，ECD所用器皿最好专用。

③ 色谱柱和柱温的选择原则是既保证各组分的分离效果，又要保持ECD洁净，不受柱固定相的污染。因此应尽量选择低配比的耐高温或交联固定相，柱温尽量偏低，可减少固定相的流失。实际工作中，色谱柱必须充分老化才能与ECD联用。避免使用含卤素原子的固定相。

④ 停机后仍需要连续用补充气（N_2，5～10mL/min）吹洗ECD。

⑤ 要注意安全。ECD中安装有^{63}Ni放射源，使用中必须严格执行放射源使用、存放管理条例，比如，至少6个月应测试有无放射性泄漏。拆卸、清洗应由专业人员进行。尾气必须排放到室外，严禁检测器超温。

⑥ 若ECD被污染，检测器的噪声增大、信噪比下降、基线漂移变大、线性范围变小、甚至出现负峰。因此ECD使用中最重要的是始终保持系统的洁净，有污染时，要及时清理、及时排除。ECD常用的净化方法是“氢烘烤”法。具体操作方法是将气化室和柱温设定为室温，载气和尾吹气换成H_2，调流速至30～40mL/min，采用^{63}Ni作放射源时将检测器温度设定为300～350℃，保持18～24h，使污染物在高温下与氢发生化学反应而被除去。

（四）火焰光度检测器（FPD）

火焰光度检测器（FPD）是一种破坏型、质量型、选择型检测器。FPD是对含S、P化合物具有高选择性和高灵敏度的检测器，因此，也称硫磷检测器。主要用于SO_2、H_2S、石油精馏物的含硫量、有机硫、有机磷的农药残留物分析等。FPD测磷的检测限可达0.9pg/s（P），测硫的检测限可达20pg/s（S），线性范围大于10^5。

1. 结构与工作原理

（1）结构　火焰光度检测器一般分为燃烧和光电两部分，前者为火焰燃烧室，与FID相似，后者由喷嘴＋滤光片＋光电管等组成，如图1-30所示。

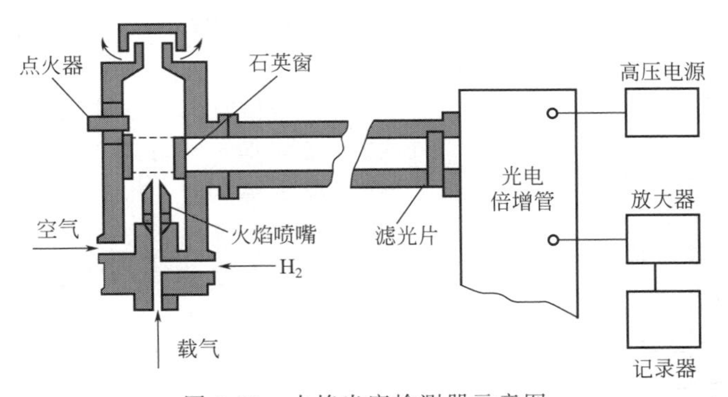

图1-30　火焰光度检测器示意图

（2）工作原理　火焰光度检测器是根据硫、磷化合物在富氢火焰中燃烧时能发射出特征波长的光而设计的。组分在富氢（H_2∶O_2＞3）的火焰中燃烧时组分不同程度地变为碎片或原子，其外层电子由于互相碰撞而被激发，当电子由激发态返回低能态或基态时，发射出特征波长的光谱，这种特征的光谱通过选择的干涉滤光片进行测量（含有硫、磷、硼、氮、卤素等的化合物均能产生这种光谱，如硫在火焰中产生 350～430nm 的光谱，磷产生 480～600nm 的光谱），测量到的光信号经转换变为电信号，再经过光电倍增管放大，得到色谱图。特征光的强度与被测组分的含量成正比。

2. 影响火焰光度检测器灵敏度的因素

（1）载气种类与流速　一般来说，FPD 的载气最好用 H_2，其次是 He，最好不用 N_2。这是因为 H_2 作载气在相当大范围内，响应值随流速增加而增大；而且在用 N_2 作载气时，FPD 对硫的响应值随流速的增加而减小。因此，最佳载气流速应视具体情况做实验来确定。

FPD 中用三种气体：空气、氢气和载气。O_2/H_2 比决定了火焰的性质和温度，从而影响灵敏度，是影响响应值最关键的参数。进行分析测试时应针对 FPD 型号和被测组分，参照仪器说明书，由操作者实际测量最佳 O_2/H_2 比。

（2）检测器温度　检测器检测硫时响应值随检测器温度升高而减小；而磷的响应值基本上不随检测器温度变化而改变。实际过程中，检测器的使用温度应大于 100℃，目的是防止 H_2 燃烧生成的水蒸气冷凝在检测器中而增大噪声。

（3）样品浓度　样品浓度的适用范围在一定的浓度范围内，样品浓度对磷的检测无影响，是线性的；而对硫的检测却密切相关，因为这是非线性的。同时，当被测样品中同时含硫和磷时，测定就会互相干扰。通常磷的响应干扰不大，而硫的响应对磷的响应产生干扰较大。

3. 火焰光度检测器的维护和保养

（1）电离源的维护　在灵敏度能满足分析要求下，尽量使用低流速的氢气，以延长电离源的使用寿命。

（2）光电倍增管（PMT）的保护和 FPD 中三种气体：空气、氢气和载气。O_2/H_2 决定了火焰的性质和温度，从而影响灵敏度，是影响响应值最关键的参数。进行分析测试时应针对 FPD 型号和被测组分，参照仪器说明书，由操作者实际测量最佳 O_2/H_2。

（3）安全使用　氢气在仪器使用前，一定要检漏。切勿使氢气进入柱温箱内，以防爆。

（五）氮磷检测器（NPD）

氮磷检测器（NPD）又称热离子检测器（TID），是破坏型、质量型检测器；是分析含氮、磷化合物的高灵敏度、高选择性和宽线性范围的检测器；是检测痕量氮、磷化合物的气相色谱专用检测器，广泛用于医药、临床、生物化学和食品科学等领域。NPD 的结构与操作因产品型号不同而异，典型结构如图 1-31 所示。

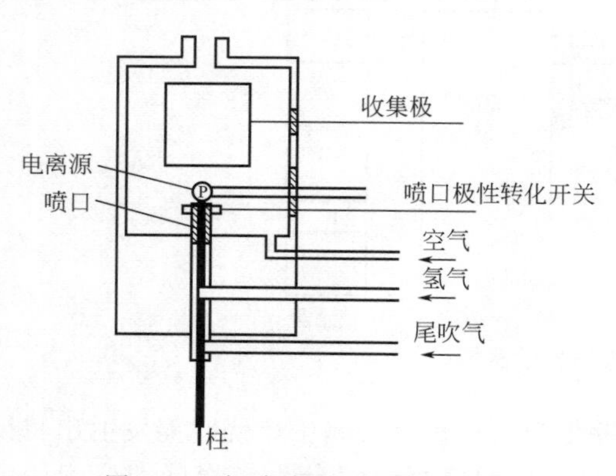

图 1-31　氮磷检测器结构示意图

氮磷检测器由 FID 发展而来，在喷嘴和收集极之间加一个小玻璃珠，表面涂一层硅酸铷作为离子源，向两极间加负电压（−130V），采用低氢气流速（约 3mL/min）对玻璃球用电加热，氢气在受热的小球上燃烧形成暗淡的冷火焰带，此时在喷嘴火焰上有机物燃烧形成的负离子基 CH—则因喷嘴接地而从底线导通，玻璃球转化为传输的粒子流被收集极收集形成信号。产生离子的机理目前仍不清楚。氮磷检测器的使用寿命长、灵敏度极高，可以检测 5×10^{-13}g/s 偶氮苯类含氮化合物，2.5×10^{-13}g/s 的含磷化合物，如马拉硫磷农药，它对N、P化合物有较高的响应，而对其它化合物的响应值低。

此外，色谱与其它分析仪器联用发展迅速，也可将所联用的仪器看作是色谱的检测器，如色谱质谱、色谱红外联用等。

（六）检测器性能指标

对于检测器，我们希望它能具有适合的灵敏度，即对一些组分十分灵敏，而对其它则不灵敏；稳定性、重现性好；线性范围宽，可达几个数量级；可在室温～400℃下使用；响应时间短，且不受流速影响；可靠性好、使用方便、对无经验者来说足够安全；对所有待测物的响应相似或可以预测这种响应；选择性好；不破坏样品等优良的性能。实际上，任何检测器都不可能同时满足上述所有要求。但是，通过检测器的一些通用的技术指标，可以对检测器性能作出一定评价。

1. 基线噪声（N）和基线漂移（M）

基线是指在操作条件下纯载气通过检测器所给出的信号。当没有待测组分进入检测器时，反映检测器噪声随时间变化的曲线（稳定平直直线）。

无样品通过时，由仪器本身和工作条件等偶然因素引起基线的起伏称为噪声（N）（以噪声带衡量），单位mV，如图1-32所示的基线噪声为0.15mV。由于各种因素引起的基流波动，无论有没有组分流出，这种波动均存在，它是一种背景信号，表现为基线呈无规则毛刺状。

基线随时间向一个方向的缓慢变化称为基线漂移（M）（以一小时内的基线水平变化来表示），单位mV/h，图1-32所示的基线漂移为0.1mV/h。检测器本身或附属电子元件性能不佳、柱温或载气流速的缓慢变化等原因会造成基线漂移。检测器噪声与基线漂移越小越好，噪声与漂移小表明检测器工作稳定。

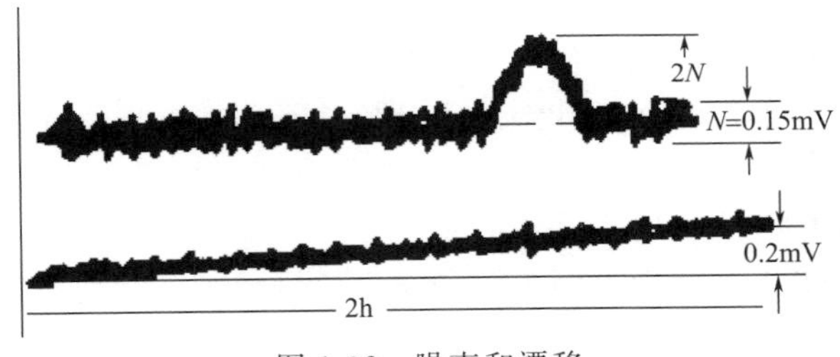

图1-32 噪声和漂移

2. 线性与线性范围

检测器的线性是指检测器内载气中组分的浓度或质量与响应信号成正比的关系。检测器的线性范围是指进入检测器组分量与其响应值保持线性关系，或是灵敏度保持恒定所覆盖的区间，以线性范围内最大进样量与最小进样量的比值表示，见图1-33。准确的定量分析取决于检测器的线性范围。线性范围宽表示不论是含量高的组分或是微量组分都能准确定量，越能适应不同浓度范围分析的需要，越有利于准确定量。

3. 检测器的灵敏度S

气相色谱检测器的灵敏度（S）是指某物质通过检测器时其量的变化引起检测器响应值的变化。

$$S=\frac{\Delta R}{\Delta Q} \tag{1-34}$$

式中，ΔR是检测器响应值的变化；ΔQ是组分的浓度变化或质量变化。

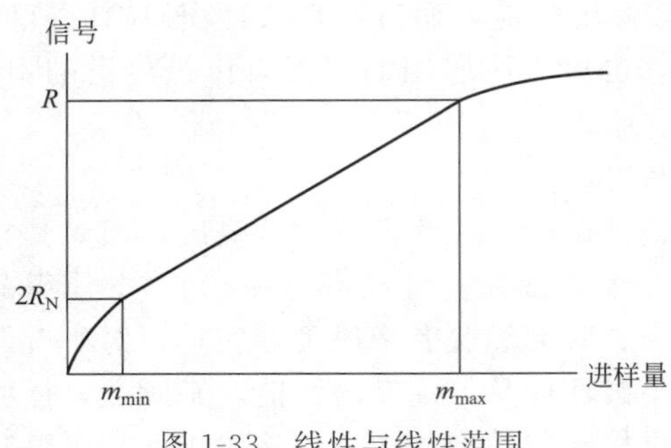

图 1-33 线性与线性范围

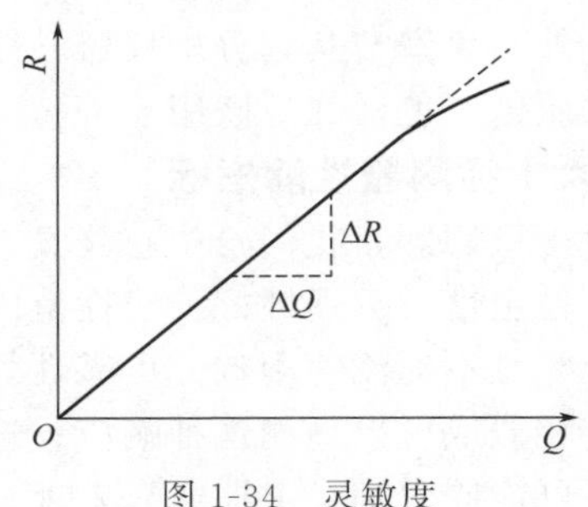

图 1-34 灵敏度

简单地说：以一系列已知浓度或质量的组分对响应信号作图，得到校正曲线，该曲线的斜率 k 即为灵敏度 S，如图 1-34 所示。实际工作中可从色谱图直接求得灵敏度。检测器的灵敏度 S 越高，检测器检测组分的浓度或质量下限越低，但是检测器噪声往往也较大。

4. 检测限（敏感度，D）

灵敏度只能表示检测器对某物质产生信号的大小，由于响应值放大时基线的波动（噪声）也会成比例增加，所以只用灵敏度不能全面地评价检测器的性能，为此引入检测限（亦称敏感度），用 D 表示，检测限可以从噪声和灵敏度这两方面说明检测器的性能。检测限是以检测器恰能产生 2 倍噪声信号时，单位时间内进入检测器的质量（质量型检测器，D_n）或单位体积载气中所含该组分的量（浓度型检测器，D_c），检测限越小，检测器性能越好。

五、温控与数据处理系统

温控系统包括色谱柱恒温箱、气化室和检测器。因各部分要求的温度不同，故需要 3 套不同的温控装置。柱箱是用来准确控制分离需要的温度，当试样复杂时，分离室温度需要按一定程序控制温度变化，各组分在最佳温度下分离。一般情况下气化室温度比色谱柱恒温箱温度高 30～70℃，以保证试样能瞬间气化；检测器温度与色谱柱恒温箱温度相同或稍高于后者，以防止试样组分在检测室内冷凝。

数据处理系统包括采集、处理检测系统和输出信号系统，其作用是记录检测器的检测信号，进行定量数据处理。

任务五 气相色谱仪的操作

选择气相色谱仪操作条件的主要依据是范·第姆特方程、分离度以及各种色谱参数。

一、载气种类及其流速的选择

1. 载气种类的选择

选择载气种类时一般从以下三个方面来考虑：载气对柱效的影响，检测器对载气的要求及载气的性质。依据速率理论，当流速 u 较小时，分子扩散项 B/u 是影响板高的主要因素，此时，宜选择分子量较大的载气（N_2，Ar），以使组分在载气中有较小的扩散系数。当 u 较大时，传质阻力项 Cu 起主导作用，宜选择分子量小的载气（H_2，He），使组分有较大的扩散系数，减小传质阻力，提高柱效。当然，载气的选择首先要考虑与检测器相适应，热导池

检测器需要使用热导率较大的氢气以有利于提高检测灵敏度，在氢火焰离子化检测器中，氮气仍是首选目标。

2. 载气流速的选择

根据速率理论，流速对分子扩散项和传质阻力项这两项完全相反的作用，使得对柱效的总影响存在着一个最佳流速值。以理论塔板高度 H 对应流动相流速 u 作图，如图 1-35 所示，曲线最低点的流速即为最佳流速，此时柱效最高。在实际工作中，为了缩短分析时间，往往使流速稍高于最佳流速。实际工作中，为了缩短分析时间，往往使流速稍高于最佳流速。对于填充柱，N_2 的最佳实用线速度为 10～12cm/s，H_2 为 15～20cm/s。

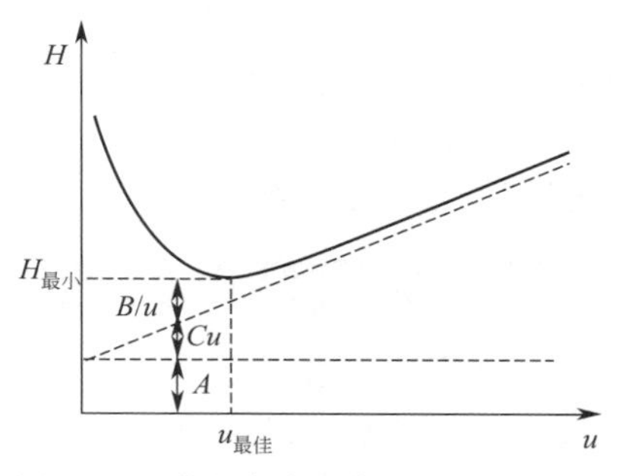

图 1-35　塔板高度与载气流速的关系

载气流速习惯上用柱前的体积流速（mL/min），也可用皂膜流量计在柱后测量。若色谱柱内径 3mm，N_2 流速一般为 40～60mL/min，H_2 流速一般为 60～90mL/min。

二、色谱柱及其柱温的选择

1. 柱长及内径的选择

固然增加柱长可使理论塔板数增大，但同时由于分析时间延长使组分扩散增加，峰宽加大。因此，填充柱的柱长要选择适当。过长的柱子，分离效能也不一定高。一般情况下，柱长选择以使组分能完全分离，分离度达到所期望的值为准。具体方法是选择一根极性适宜，任意长度的色谱柱，测定两组分的分离度，然后根据基本色谱分离方程式，确定柱长是否适宜。填充柱的柱长一般为 1～5m，毛细管柱的柱长一般为 20～50m。

柱内径增大可增加柱容量，从而使有效分离的试样量增加，但径向扩散路径也会随之增加，导致柱效下降，内径小有利于提高柱效，但渗透性会随之下降，影响分析速度，对于一般的分析分离来说，填充柱内径为 3～6mm，毛细色谱柱内径为 0.2～0.5mm。

2. 固定相及固定液配比的选择

当遇到未知试样时，先试用现有的色谱柱，如果分离不理想，根据分析物与固定相具有相似化学性质时才会相互作用的原理，以及对试样的了解，选择合适的固定相。

从速率方程式可知，固定液的配比主要影响 Cu，降低固定液的配比，可使 Cu 减小，从而提高柱效。但固定液用量太少，易存在活性中心，致使峰形拖尾，且会引起柱容量下降，进样量减少。在填充柱色谱中，液担比一般为 5%～25%。

3. 担体粒度及筛分范围的选择

担体的粒度愈小，填装愈均匀，柱效就愈高。但粒度也不能太小。否则，阻力压也急剧增大。一般粒度直径为柱内径的 1/25～1/20 为宜（在高效液相色谱 HPLC 中，可采用极细粒度，直径在 μm 数量级）。

4. 柱温的选择

柱温是气相色谱的重要操作条件，柱温直接影响色谱柱使用寿命、柱的选择性、柱效能和分析速度。柱温低有利于组分的分离，但柱温过低，被测组分可能在柱中冷凝，或者由于传质阻力增加，使色谱峰扩张，甚至拖尾；柱温高，虽有利于传质，但分配系数变小不利于分离。

在实际分析中应兼顾这几方面因素，选择原则是在难分离物质对能得到良好的分离，分析时间适宜且峰形不拖尾的前提下，尽可能采用较低的柱温，同时，选用的柱温不能高于色谱柱中固定液的最高使用温度。通常情况下，柱温一般选择接近或略低于组分平均沸点时的温度，然后再根据实际分离情况进行调整。

对于宽沸程组分混合物可采用“程序升温法”，从而使混合物中低沸点和高沸点的组分都能获得良好的分离。

三、其它条件的选择

1. 气化室温度的选择

气化室温度选择不当，会使柱效下降，当气化室温度低于样品的沸点时，样品气化的时间变长，使样品在柱内分布加宽，因而柱效会下降；当气化室温度升至足够高时，样品可瞬间气化，其柱效恒定。在进行峰高定量时，气化室温度对分析结果有很大的影响，如气化室温度低于样品的沸点时，峰高就要降低，所以在用峰高定量时，气化室温度在保证样品不分解的前提下，要尽可能高于样品各组分的沸点。一般选择气化温度设定为比样品中组分最高沸点高30～50℃或比柱温高30～70℃。

2. 检测器温度的选择

热导检测器温度高于柱温，其控温的目的是使被分析样品通过检测器时不冷凝。对TCD来说更重要的是检测室要严格控温，最好控制在0.05℃以内，TCD的灵敏度随温度升高而下降。氢火焰离子化检测器（FID）的温度一般要在100℃以上，以防水蒸气冷凝，FID对温度要求不严格。电子捕获检测器（ECD）检测室温度对基流和峰高有很大的影响。

3. 进样时间和进样量

进样时要求进样全过程快速、准确，否则峰形变宽，且不对称，不利于分离与定量。一般用注射器或进样阀进样时，进样时间都在1s内。

在实际分析中最大允许进样量应控制在使半峰宽基本不变，而峰高与进样量成线性关系。如果超过最大允许进样量，线性关系遭破坏。一般来说，色谱柱越粗、越长，固定液含量越高，容许进样量越大。

四、气相色谱仪的基本操作

不同公司、不同型号的气相色谱仪使用方法上有一定差异，但是基本操作是一致的。其基本操作如下：

① 打开载气钢瓶总阀门，再顺时针方向打开减压阀门输入载气，打开仪器上控制载气的针形阀、稳压阀调节适宜的流量。

② 打开主机电源总开关。

③ 打开计算机及色谱工作站，输入分析操作条件。加热柱箱、加热气化室、加热检测器。

④ 柱温升至所设置温度后，稳定约30min。

⑤ 打开检测器。如果仪器配备的是热导检测器，设置TCD适宜桥电流即可。如果配备的是氢火焰离子化检测器，则需要依次：a. 打开无油空气压缩机电源开关，打开空气压缩机开关阀门、打开空气压缩机稳压阀至适宜温度；b. 打开氢气钢瓶总阀门，打开减压阀门；c. 打开空气针形阀和氢气稳压阀至适宜值，并调节至所需流量；d. 打开点火开关，点燃氢火焰。

⑥ 待仪器稳定（基线平直）后，即可进行分析。

⑦ 样品分析完成后，关闭各个加热开关，打开柱箱门（加速降温），待柱温降至室温后，按开机相反步骤关机。

色谱法是分离复杂混合物的重要方法，同时还能将分离后的物质直接进行定性和定量分析。

一、定性分析

定性分析的任务是确定色谱图上各个峰代表什么物质。

1. 标准物质对照法定性

在相同色谱条件下，将标准物和样品分别进样，两者保留值相同，则可以初步认为可能为同一物质。若不同，则肯定不是同一种物质（如图 1-36 所示）。

此方法要求操作条件稳定、一致，必须严格控制操作条件，尤其是流速。

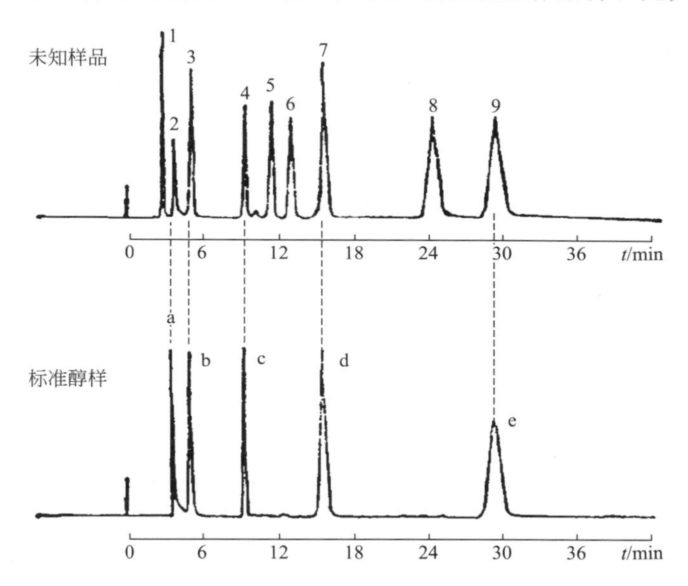

图 1-36 用已知纯物质与未知样品对照比较进行定性分析

1～9—未知物的色谱峰；a—甲醇峰；b—乙醇峰；c—正丙醇峰；d—正丁醇峰；e—正戊醇峰

2. 用已知物增加峰高法定性

如果未知样品较复杂，可采用已知物增加峰高法定性，先测未知样品的色谱图，再在同样的色谱条件下测加纯物质的未知样品的色谱图。对比两张色谱图，哪个峰变高了，则该组分可能是所加的纯物质（如图 1-37 所示）。这是在确认某一复杂样品中是否含有某物质的最好办法。

可见 A 峰为标样 S。

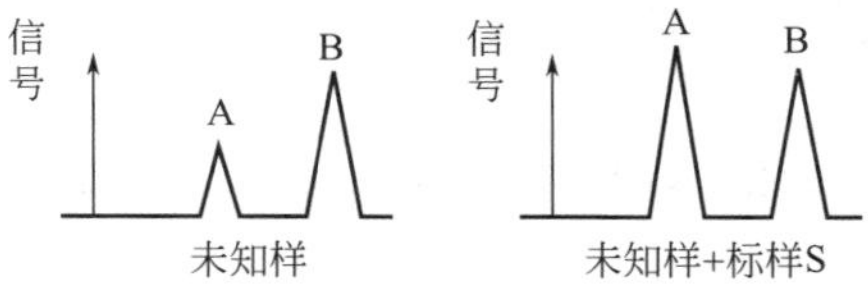

信号 A B 未知样　信号 A B 未知样+标样S

图 1-37 已知物增加峰高法定性

3. 利用文献保留值定性

相对保留值仅与柱温和固定液性质有关。在色谱手册中都列有各种物质在不同固定液上的保留值数据，可以用来进行定性鉴定。

根据文献，相同色谱条件、相同对照品，测得对照品和待测样品的相对保留值：

$$r_{i,s}=\frac{t'_{Ri}}{t'_{Rs}}=\frac{V'_{Ri}}{V'_{Rs}} \tag{1-35}$$

式中 i——未知组分；

s——对照品。

并与文献值比较，若二者相同，则可认为是同一物质。

4. 利用保留指数定性

保留指数（I）又称为柯瓦（Kováts）指数，它表示物质在固定液上的保留行为，是目前使用最广泛并被国际上公认的定性指标。它具有重现性好、标准统一及温度系数小等优点。

测定方法：

① 将正构烷烃作为标准，规定其保留指数为分子中碳原子个数乘以100（如正己烷的保留指数为600）。

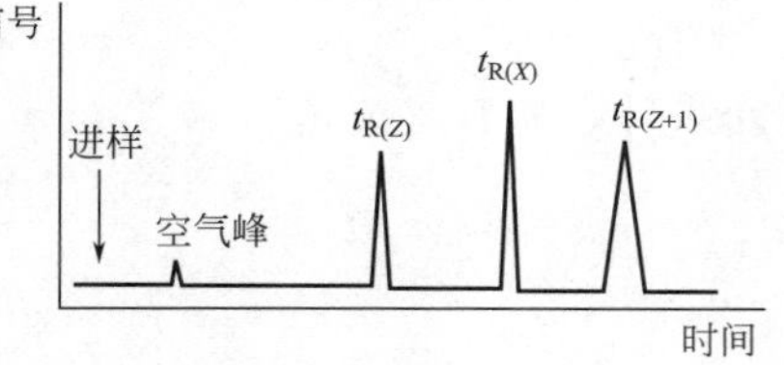

图1-38　保留指数测定示意图

② 其它物质的保留指数（I_X）是通过选定两个相邻的正构烷烃，其分别具有 Z 和 $Z+1$ 个碳原子。被测物质 X 的调整保留时间应在相邻两个正构烷烃的调整保留值之间（如图1-38所示）。

保留指数的计算方法为：

$$t'_{R(Z+1)}>t'_{R(X)}>t'_{R(Z)}$$

$$I_X=100\left[\frac{\lg t'_{R(X)}-\lg t'_{R(Z)}}{\lg t'_{R(Z+1)}-\lg t'_{R(Z)}}+Z\right] \tag{1-36}$$

5. 与其它分析仪器联用的定性方法

色谱-质谱联用仪（GC-MS、LC-MS），色谱-红外光谱联用仪（HPLC-FTIR），是目前解决复杂混合物中未知物定性分析的最有效的技术。

二、定量分析

定量分析就是确定样品中某一组分的准确含量。气相色谱定量分析与绝大部分仪器分析一样，是一种相对定量方法，而不是绝对定量分析方法。

气相色谱定量分析是根据检测器对溶质产生的响应信号与溶质的量成正比的原理，通过色谱图上的峰面积或峰高，计算样品中溶质的含量。所以定量计算前需要正确测量峰面积和比例系数（定量校正因子）。

1. 峰面积的测量

（1）峰高（h）乘半峰宽（$W_{1/2}$）法　该法是近似将色谱峰当作等腰三角形，但此法算出的面积是实际峰面积的0.94倍，实际峰面积 A 应为：

$$A=1.064hW_{1/2} \tag{1-37}$$

（2）峰高乘平均峰宽法　当峰形不对称时，可由下式计算峰面积：

$$A=h(W_{0.15}+W_{0.85})/2 \tag{1-38}$$

$W_{0.15}$ 和 $W_{0.85}$ 分别是峰高0.15和0.85处的峰宽值。

（3）峰高乘保留时间法　在一定操作条件下，同系物的半峰宽与保留时间成正比，对于难以测量半峰宽的窄峰、重叠峰（未完全重叠），可用此法测定峰面积：

$$A=hbt_R \tag{1-39}$$

作相对计算时，b 可以约去。

(4) 自动积分和微分处理　新型仪器多配备计算机，应用软件可自动采集数据并进行数据处理给出峰面积及含量等结果。

2. 定量校正因子

色谱定量分析是基于峰面积与被测组分的量成正比关系。但由于同一检测器对不同物质具有不同的响应值，即对不同物质检测器的灵敏度不同，相同的峰面积并不意味着有相等的量。即当两个质量相同的不同组分在相同条件下使用同一检测器进行测定时，所得峰面积却并不相同。因此，混合物中某一组分的百分含量并不等于该组分的峰面积在各组分峰面积总和中所占的百分比。这样，就不能直接利用峰面积计算物质的含量，为了使峰面积能真实反映物质的质量，就要对峰面积进行校正，即在定量计算中引入校正因子。

(1) 绝对校正因子 $f_{i(A)}$、$f_{i(h)}$　是指单位峰面积或单位峰高对应组分的量（g、mol、V）。

$$f_{i(A)}=\frac{m_i}{A_i} \tag{1-40}$$

$$f_{i(h)}=\frac{m_i}{h_i} \tag{1-41}$$

绝对校正因子的大小受仪器及操作条件影响很大，使用受到限制，定量分析中一般采用相对较正因子。

(2) 相对校正因子 f'_i　相对校正因子 f'_i 是指样品中各组分的绝对校正因子与标准物 s 的绝对校正因子之比。

$$f'_i=\frac{f_i}{f_s}=\frac{m_i/A_i}{m_s/A_s}=\frac{A_s m_i}{A_i m_s} \tag{1-42}$$

(3) 相对校正因子的表示方法　当组分和标准物质的量都是以质量为单位时，称为相对质量校正因子，用 f'_W 表示；当组分和标准物质的量都是以摩尔为单位时，称为相对摩尔校正因子，用 f'_M 表示；对于气体样品，若以体积为单位，称相对体积校正因子，用 f'_V 表示。

相对校正因子值只与被测物和标准物以及检测器的类型有关，而与操作条件无关，因此凡文献查得的校正因子都是指相对校正因子。若文献查不到所需的 f'_i 值，也可以自己测定，常用的标准物质，对热导检测器（TCD）是苯，对氢焰检测器（FID）是正庚烷。

3. 定量分析方法

(1) 归一化法　试样各组分全部流出色谱柱，并在检测器上产生信号，可用归一化法定量。

以样品中被测组分经校正过的峰面积（或峰高）占样品中各组分经过校正的峰面积（或峰高）的总和的比例，来表示样品中各组分的含量的定量分析方法称为归一化法。

若样品中有 n 个组分，每个组分的质量分别为 m_1、m_2、…、m_n，各组分含量的总和为 100%，组分 i 的质量为 m_i，则质量分数 w_i 为：

$$w_i=\frac{m_i}{m}\times 100\%=\frac{A_i f'_i}{A_1 f'_1+A_2 f'_2+\cdots+A_n f'_n}\times 100\%=\frac{A_i f'_i}{\sum\limits_{i=1}^{n} A_i f'_i}\times 100\% \tag{1-43}$$

若 f'_i 相近或相同，如同系物中沸点接近的各组分，则

$$w_i=\frac{A_i}{A_1+A_2+\cdots+A_n}\times 100\% \tag{1-44}$$

例如：

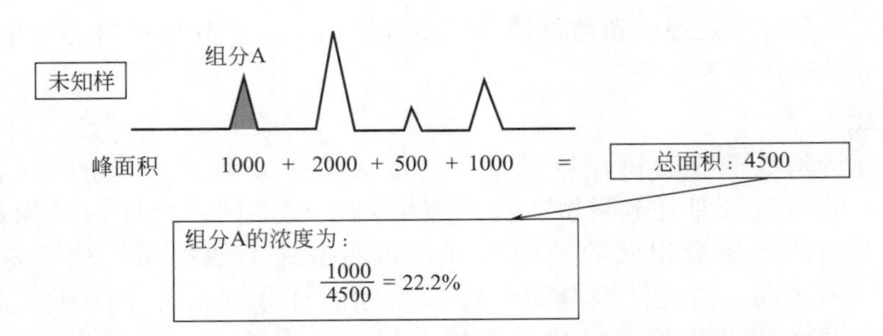

该方法的优点是简便、准确、不需标准物，不必准确称量和准确进样，操作条件稍有变化对结果影响较少。缺点则是要求所有组分都能流出色谱柱且在检测器上均有响应，各组分峰没有重叠，必须已知所有组分的校正因子，不适合微量组分的测定。

（2）外标法——标准曲线法　当样品中各组分不能完全流出，又没有合适内标时，可采用此法。

该方法的原理跟其它仪器分析法中的标准曲线法一样，将待测组分 i 的纯物质配制不同浓度的标准系列，在相同操作条件下，定量进样，测各个峰的 A 或 h，绘制 A-c 曲线或 h-c 工作曲线（如图 1-39 所示），求出斜率、截距。在完全相同条件下，准确进样与对照品溶液相同体积的样品溶液，测待测样品的峰面积或峰高，根据待测组分的信号，从标准曲线上查出待测组分含量，或用回归方程计算。具体步骤如下：

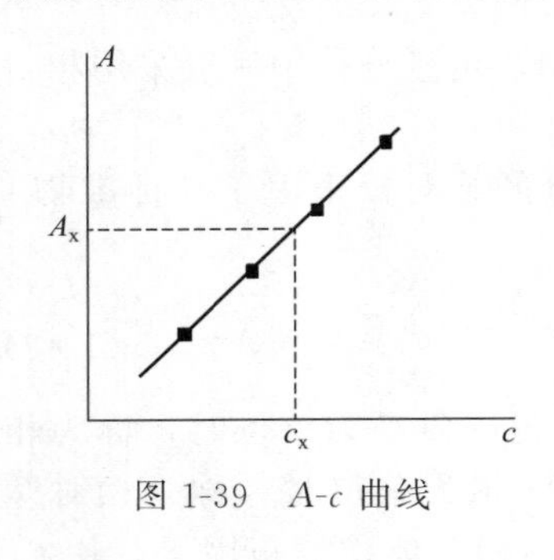

图 1-39　A-c 曲线

① 配制一系列不同浓度的标准溶液，分别测定峰面积；

② 以峰面积对浓度绘制标准曲线

$$y=kx+b$$

③ 按相同的操作条件测定样品；

④ 根据待测组分的峰面积，从标准曲线上查出其浓度；

⑤ $c_{原样}=c_x\times$稀释倍数。

该方法的优点是操作简单，计算方便，不需使用校正因子，不论样品中其它组分是否出峰，均可对待测组分定量，适合大批量样品的快速测定。

缺点是要求准确进样，操作条件的变化对结果准确性影响较大。

（3）内标法　内标法是将一定量的纯物质作为内标物加入到准确称量的试样中，根据试样和内标物的质量以及被测组分和内标物的峰面积及相对校正因子可以求出被测组分的含量。当只需测定试样中某几个组分，或试样中所有组分不可能全部出峰时，可采用内标法。

$$\frac{m_i}{m_s}=\frac{f_iA_i}{f_sA_s} \tag{1-45}$$

$$m_i=\frac{f_iA_i}{f_sA_s}\cdot m_s \tag{1-46}$$

$$w_i=\frac{m_i}{m}\times 100\%=\frac{f_iA_i}{f_sA_s}\times\frac{m_s}{m}\times 100\% \tag{1-47}$$

在实际工作中，一般以内标物作为基准物质，此时含量计算式可简化为：

$$f_s=1 \qquad w_i=\frac{A_i}{A_s}\cdot\frac{m_s}{m}\cdot f_i\times 100\% \tag{1-48}$$

对内标物的要求：

① 内标物应是样品中不存在的纯物质；

② 内标物出峰位置应位于被测组分附近，且能完全分离；

③ 与被测组分性质比较接近；

④ 不与试样发生化学反应。

优点：操作条件不必严格控制，与进样量无关，被测组分和内标物出峰即可，适用于微量组分的测定，应用广泛，定量结果准确性较高。

缺点：需已知校正因子，每个试样的分析，都要进行两次称量，不适合大批量试样的快速分析。

【例 1-6】 用气相色谱法测定试样中一氯乙烷、二氯乙烷和三氯乙烷的含量。采用甲苯作内标物，称取 2.880g 试样，加入 0.2400g 甲苯，混合均匀后进样，测得其校正因子和峰面积如下表所示，试计算各组分的含量。

组分	甲苯	一氯甲烷	二氯甲烷	三氯甲烷
峰面积/cm^2	2.16	1.48	2.34	2.64
校正因子	1.00	1.15	1.47	1.65

解

由
$$w_i=\frac{A_i}{A_s}\cdot\frac{m_s}{m}\cdot f_i\times100\%$$

$$w_{一氯甲烷}=\frac{1.48}{2.16}\times\frac{0.2400}{2.880}\times1.15\times100\%=6.57\%$$

$$w_{二氯甲烷}=\frac{2.34}{2.16}\times\frac{0.2400}{2.880}\times1.47\times100\%=13.27\%$$

$$w_{三氯甲烷}=\frac{2.64}{2.16}\times\frac{0.2400}{2.880}\times1.65\times100\%=16.80\%$$

技能训练一　混合物正、仲、叔、异丁醇含量的测定

一、实训目的

1. 掌握热导检测器使用方法。

2. 了解保留时间及峰面积的概念、测定方法及其应用。

3. 掌握归一化法定量方法。

二、方法原理

试样各组分都出峰，可用归一化法定量。原理如下：

若样品中有几个组分，每个组分的质量分别为 $m_1,m_2,\cdots,m_n$，在一定条件下测得各组分峰面积分别为 $A_1,A_2,\cdots,A_n$，各组分相对校正因子分别为 $f'_1,f'_2,\cdots,f'_n$，则组分 i 的质量分数 w_i 为：

$$w_i=\frac{A_if'_{i(w)}}{A_1f'_{1_{(w)}}+A_2f'_{2(w)}+\cdots+A_nf'_{n(w)}}\times100\%=\frac{A_if'_{i(w)}}{\sum A_if'_{i(w)}}\times100\%$$

三、仪器与试剂

普析 G5 气相色谱仪；热导检测器；DNP 色谱柱；氢气源；微量注射器 1μL；正丁醇（色谱纯）；仲丁醇（色谱纯）；叔丁醇（色谱纯）；异丁醇（色谱纯）；丁醇混合物样品。

四、操作步骤

1. G5 气相色谱仪的启动

(1) 首先确定减压阀，载气 A、B 稳流阀是否关闭（即旋转圈数是否为 1）。

(2) 然后打开载气 H_2 总阀，调节减压阀至 0.3MPa，检查气密性，调节稳流阀至 45.0mL/min。

(3) 通载气 10min 后，打开仪器电源开关，调至常规信息窗口，光标调至 B 通道的触发。打开电脑，打开色谱工作站，设定进样口（即气化室）温度 170℃、色谱柱温度 120℃、检测器温度 150℃。

(4) 待温度升至设定温度，稳定后，设置 TCD（热导检测器）桥电流 80mA，打开电流开关。

(5) 监控基线至稳定（呈直线）后，开始进样。

2. 进样分析

吸取 0.60μL 待测样品及标准试样注入进样器，按向右键触发，待组分全部流出后，保存数据。平行进样三次。

3. 关机

将进样口（即气化室）温度、色谱柱温度以及检测器温度调至 50℃，TCD 桥电流调至 0mA。待色谱柱、检测器温度降至 50℃，关闭气相色谱仪总开关，关闭电脑，最后关闭载气。

五、数据记录与处理

根据试样分析测定所得数据，计算样品中各组分的含量。

组分	f'	A_i				w_i/%
		1	2	3	平均值	
正丁醇	1.00					
异丁醇	0.98					
仲丁醇	0.97					
叔丁醇	0.98					

手写实验报告，提交实验报告。

六、注意事项

(1) 当 TCD 检测器开着时，一定要保持有载气通过。

(2) 先开载气，后开仪器电源；关机时，先设置温度，待柱温、进样器温度、检测器温度均降至 50℃后再关电源，最后关闭载气。

(3) 检测器温度应在柱温以上，以防样品溶液或流失的固定液冷凝在检测器里。

(4) 如果色谱峰太小或太大，可适当调整进样量。

七、思考题

(1) 归一化法对进样量的准确性有无严格要求？

(2) 使用面积归一化法定量必须满足什么条件？

技能训练二　乙醇中水分含量的测定

一、实训目的

1. 进一步学习和掌握定性分析。

2. 掌握内标法的配样。

3. 掌握相对校正因子测定方法。

4. 掌握内标法定量方法。

二、方法原理

内标法作为一种较准确的定量方法，其原理如下：准确称取试样 $m_{样}$，加入一定量的某纯物质作内标物 m_s，然后进行色谱分析。根据待测组分 i 和内标物 s 的峰面积（或峰高）及内标物的质量就可求得待测组分的含量。计算公式：

$$w_i=\frac{f'_iA_i}{f'_sA_s}\times\frac{m_s}{m_{样}}\times100\% \quad 或 \quad w_i=\frac{f'_ih_i}{f'_sh_s}\times\frac{m_s}{m_{样}}\times100\%$$

三、仪器与试剂

谱析 G5 气相色谱仪；热导检测器；GDX-102 色谱柱；氢气源；微量注射器 1μL；甲醇（色谱纯）；混合物乙醇试样。

四、操作步骤

1. G5 气相色谱仪的启动

（1）首先确定减压阀，载气 A、B 稳流阀是否关闭（即旋转圈数是否为 1）。

（2）然后打开载气 H_2 总阀，调节减压阀至 0.3MPa，检查气密性，调节稳流阀至 56.0mL/min。

（3）通载气 10min 后，打开仪器电源开关，调至常规信息窗口，光标调至 B 通道的触发。打开电脑，打开色谱工作站，设定进样口（即气化室）温度 150℃、色谱柱温度 100℃、检测器温度 130℃。

（4）待温度升至设定温度，稳定后，设置 TCD（热导检测器）桥电流 80mA，打开电流开关。

（5）监控基线至稳定。

2. 标样和试样的配制

（1）配制标准溶液　取一个干燥洁净带胶塞的 5mL 采样瓶（编号为 1 号），称其质量（准确至 0.0001g），用医用注射器吸取 2mL 蒸馏水注入小瓶内，称重，计算出水的质量；再用另一支注射器吸取 2mL 甲醇（内标物）注入瓶内，称重，计算出甲醇的质量，摇匀备用。

（2）处理乙醇试样溶液　另取一个干燥洁净带胶塞的采样瓶（编号为 2），称其质量（准确至 0.0001g），注入 3mL 乙醇试样，称重，计算出乙醇试样质量。然后再加入 0.6mL，称重后计算出加入甲醇的质量，摇匀。

3. 进样分析

（1）标准溶液分析　基线稳定后，吸取 1 号瓶标准溶液 0.6μL 注入进样器，按向右键触发，待组分全部流出后，保存数据。平行进样三次。

（2）试样分析　吸取 2 号瓶的试样 0.6μL 注入进样器，按向右键触发，待组分全部流出后，保存数据。平行进样三次。

4. 关机

将进样口（即气化室）温度、色谱柱温度以及检测器温度调至 50℃，TCD 桥电流调至 0mA。待色谱柱、检测器温度降至 50℃，关闭气相色谱仪总开关，关闭电脑，最后关闭载气。

五、数据记录与处理

（1）根据 1 号瓶标准溶液分析测定所得数据，计算水的峰高相对校正因子：$f'_{ih}=\frac{h_sm_i}{h_im_s}$

式中，m_i 为 1 号瓶水的质量，g；h_i 为 1 号瓶水的峰高，mm；m_s 为 1 号瓶甲醇的质量，g；h_s 为 1 号瓶甲醇的峰高，mm。

组分	m/g	h_i				f'
		1	2	3	平均值	
甲醇						
水						

（2）根据 2 号瓶试样分析测定所得数据，计算样品中水分的含量：

$$w_i = \frac{f'_i h_i}{f'_s h_s} \times \frac{m_s}{m_{样}} \times 100\%$$

式中，h_i 为 2 号瓶水的平均峰高；h_s 为 2 号瓶甲醇的平均峰高；m_s 为 2 号瓶甲醇的质量，g；$m_{样}$ 为 2 号瓶乙醇试样的质量，g。

m_s = ________________ g；$m_{样}$ = ________________ g；$f'_s = 1.0$

组分	h_i				w_i/%
	1	2	3	平均值	
甲醇					
水					

（3）测定结果的相对平均偏差，按下式计算：

$$\overline{d_{\bar{x}}} = \frac{\sum_{i=1}^{n} |x_i - \bar{x}|}{n\bar{x}} \times 100\%$$

式中，x 为峰高 h。

手写实验报告，提交实验报告。

六、注意事项

（1）采样瓶一定要干燥洁净。

（2）内标物的加入量应接近待测组分含量。

（3）经常检查气路的气密性和减压阀的压力指示。

（4）用微量进样器进样时，切记防止用力过猛，避免折弯针柄。

（5）养成进样后马上用溶剂洗针数次的习惯。

七、思考题

（1）内标法对进样量的准确性有无严格要求？

（2）什么情况下用内标法定量？

技能训练三　甲醇中水分含量的测定

一、实训目的

1. 进一步学习和掌握微量注射器的使用。

2. 掌握外标法进行气相色谱定量分析。

二、方法原理

当样品中各组分不能完全流出，又没有合适内标时，可采用此法。

将待测组分 i 的纯物质配制不同浓度的标准系列，在相同操作条件下，定量进样，测各个峰的 A 或 h，绘制 A-c 曲线或 h-c 曲线。

在完全相同条件下，测待测样品，根据 A_i 待或 h_i 待，从曲线上查出待测组分含量。

三、仪器与试剂

谱析 G5 气相色谱仪；热导检测器；GDX-102 色谱柱；氢气源；微量注射器 5μL；苯（色谱纯）；甲醇试样。

四、操作步骤

1. 色谱仪开机及参数设置

安装 GDX-102 色谱柱，通入载气（H_2）、检查气密性完好，调节合适的压力和流量。打开仪器电源，设置色谱条件（根据不同仪器，可自行确定），柱温 100℃，气化室 150℃，热导池检测器 130℃，打开计算机，启动 G5 色谱工作站。待温度升至设定温度，稳定后，设置 TCD（热导检测器）桥电流 80mA，打开电流开关。监控基线至稳定。

2. 配制标准溶液

将一定量 GC 级的苯置于分液漏斗中，用同体积的蒸馏水振荡，去掉水溶性物质，如此洗涤次数不少于 5 次。最后一次振荡均匀后连水一起装入容量瓶中备用。

3. 水饱和苯溶液的分析测定

待仪器稳定后，抽洗微量进样器 5～10 次，分别按 1.0μL、2.0μL、3.0μL、4.0μL、5.0μL 的进样量进样。获得色谱图，记录相应水分峰高。同时记录苯层温度。平行测定三次。以苯的含水质量（mg）为横坐标，相应的水分峰高为纵坐标，绘制标准工作曲线。

4. 乙醇试样的分析

在完全一致的情况下取 30μL 乙醇试样进样，记录相应水分峰高。从标准曲线中查出相对应的水分质量（mg）。平行测定三次。

五、数据记录与处理

乙醇中水分的含量以质量浓度 ρ 计，以 mg/mL 表示，按下式计算：

$$\rho=\frac{m_{查}}{V}$$

式中，$m_{查}$ 为从标准曲线中查出相对应的水分质量，mg；V 为乙醇试样进样体积，mL。

测定结果的相对平均偏差按下式计算：

$$R_{\overline{d}}=\frac{\sum_{i=1}|x_i-\overline{x}|}{n\overline{x}}\times 100\%$$

1. 工作曲线的绘制

进样量/μL		水饱和苯溶液				
		1.0	2.0	3.0	4.0	5.0
水分峰高/min	1					
	2					
	3					
	平均值					
含水量/mg						

2. 乙醇中水分含量的测定

试样进样次数	1	2	3
水分峰高/min			
查得水分质量/mg			
试样中水分含量 ρ_1/(mg/mL)			
试样中水分含量平均值/(mg/mL)			
测定结果的相对平均偏差			

六、注意事项

(1) 进样量要准确，进样速度要快，针尖在气化室停留时间要短且统一，否则工作曲线线性较差。

(2) 标准溶液浓度配制要准确。

(3) 色谱操作条件要稳定。

(4) 配制完毕的水饱和苯溶液需测量其相应温度。

七、思考题

(1) 外标法的特点及应用范围是什么？

(2) 能否配制相同浓度的标样，以不同体积进样，绘制 $A(h)$-V 曲线？

思考与练习

一、单选题

1. 色谱法是一种（　　）。当其应用于分析化学领域，并与适当的检测手段相结合，就构成了色谱分析法。

A. 分离技术　　B. 富集技术　　C. 进样技术　　D. 萃取技术

2. 气液色谱，固定相和流动相是（　　）。

A. 固定相为固体，流动相为气体　　B. 固定相为固体，流动相为液体

C. 固定相为液体，流动相为气体　　D. 固定相为气体，流动相为液体

3. 色谱图中保留时间的作用是（　　）。

A. 进行定量分析　　B. 进行定性分析

C. 显示色谱峰的峰面积　　D. 用来进行计算

4. 色谱流出曲线上，（　　）体现了组分在色谱柱中吸附或溶解的时间。

A. 死时间　　B. 保留时间　　C. 调整保留时间　　D. 调整保留体积

5. 色谱图中色谱峰高、峰面积的作用是（　　）。

A. 用于定性分析　　B. 用于定量分析

C. 与物质的数量成正比　　D. 与物质的数量成反比

6. 衡量色谱柱柱效的指标是（　　）。

A. 理论塔板数　　B. 分配系数　　C. 相对保留值　　D. 容量因子

7. 不影响分子扩散项大小的因素是（　　）。

A. 载气流速　　B. 载气摩尔质量　　C. 柱温　　D. 柱长

8. 两组分刚好完全分离，则两组分的 R 值为（　　）。

A. $R=0.8$　　B. $R=1$　　C. $R=0.75$　　D. $R=1.5$

9. 在相同色谱条件下，将纯物质和样品分别进样，两者保留值相同，可能为同一物质。此方法属于定性分析法中的（　　）。

A. 利用文献保留值定性　　B. 用加入法定性

C. 利用保留值定性　　D. 保留指数法

10. 当样品中各组分都能流出色谱柱产生彼此分离较好的色谱峰时，若要求对所有组分都做定量分析，可选用（　　）。

A. 外标法　　B. 归一化法　　C. 内标法　　D. 单点校正法

11. 哪一种定量方法需要全部组分的相对校正因子（　　）。

A. 归一化法　　B. 外标法　　C. 内标法　　D. 单点校正法

12. 气相色谱分析的仪器中，载气的作用是（　　）。

A. 携带样品，流经气化室、色谱柱、检测器，以便于完成对样品的分离和分析

B. 与样品发生化学反应，流经气化室、色谱柱、检测器，以便于完成对样品的分离和分析

C. 溶解样品，流经气化室、色谱柱、检测器，以便于完成对样品的分离和分析

D. 吸附样品，流经气化室、色谱柱、检测器，以便于完成对样品的分离和分析

13. 既可以调节载气流量，也可以控制燃气和空气流量的是（　　）。

A. 减压阀　　B. 稳压阀　　C. 针形阀　　D. 稳流阀

14. 气相色谱中，气化室的温度宜选为（　　）。

A. 试样中沸点最高组分的沸点　　B. 试样中沸点最低组分的沸点

C. 试样中各组分的平均沸点　　D. 比试样中组分的最高沸点高 30～50℃

15. 下列情况应对色谱柱进行老化的是（　　）。

A. 每次安装了新的色谱柱后

B. 分析完一个样品后准备分析其它样品之前

C. 色谱柱每次使用后

D. 更换了载气或燃气

16. 填充柱中常用的色谱柱管是（　　）。

A. 不锈钢管　　B. 毛细管　　C. 石英管　　D. 聚乙烯管

17. 气相色谱分析的仪器中，检测器的作用是（　　）。

A. 感应到达检测器的各组分的浓度或质量，将其物质的量信号转变为电信号，并传递给信号放大记录系统

B. 分离混合物组分

C. 将其混合物的量信号转变为电信号

D. 将感应混合物各组分的浓度或质量

18. 气相色谱检测器的温度必须保证样品不出现（　　）现象。

A. 冷凝　　B. 升华　　C. 气化　　D. 分解

19. 采用气相色谱法分析羟基化合物，对 C_4～C_{14} 的 38 种醇进行分离，较理想的分离条件是（　　）。

A. 填充柱长 1m，柱温 100℃，载气流速 20mL/min

B. 填充柱长 2m，柱温 100℃，载气流速 60mL/min

C. 毛细管柱长 40m，柱温 100℃，恒温

D. 毛细管柱长 40m，柱温 100℃，程序升温

20. 正确开启与关闭气相色谱仪的程序（　　）。

A. 开启时先送气后送电，关闭时先停气再停电

B. 开启时先送电后送气，关闭时先停气再停电

C. 开启时先送气后送电，关闭时先停电再停气

D. 开启时先送电后送气，关闭时先停电再停气

二、简答题

1. 简要说明气相色谱法的分离原理。
2. 气相色谱仪有哪些主要部件？各有什么作用？
3. 试述热导池检测器及氢火焰离子化检测器的工作原理。
4. 根据速率理论方程式，讨论气相色谱操作条件的选择。
5. 试述速率理论方程式中 A、B/u、Cu 三项的物理意义。
6. 色谱定性和定量分析的依据是什么？各有哪些主要定性和定量方法？
7. 进行色谱定量分析时，为什么需使用定量校正因子？何种情况下可不使用校正因子？
8. 只要色谱柱的塔板数足够高，任何两物质都能被分离吗？
9. 塔板理论无法解释哪些问题？
10. 简述气液色谱中固定液的选择要求。
11. 简述气液色谱中对载体的选择要求。

三、计算题

1. 若两组分的 t_R 分别为 19min 和 20min，t_M 为 1min，计算：

（1）较晚流出的第二组分的分配比（容量因子）是多少？

（2）欲达到 $R=0.75$ 时，所需的 $n_{有效}$ 为多少？

2. 内标法测定乙醇中微量水分，称量已洗净烘干的小瓶，再加入纯水和无水甲醇，分别称量，若得水的净质量为 1.8325g，甲醇的净质量为 2.3411g，将其混匀，并注入数微升至色谱仪，测得甲醇峰面积为 2.4；水的峰面积为 3.3；测定样品时，将已洗净烘干的小瓶，加入乙醇样品称量，再加入内标物无水甲醇称量；若称得样品乙醇质量为 4.5438g，甲醇质量为 0.0091g，混匀，取 1.0μL 注入色谱仪，得水的峰面积为 5.8，甲醇的峰面积为 1.3. 以甲醇为标准，则水的相对校正因子是多少？求乙醇中微量水的百分含量。

3. 用热导检测器分析乙醇、正庚烷、苯和乙酸乙酯混合物，数据如下，试计算正庚烷以及苯这两个组分的含量。

化合物	峰面积/cm^2	相对质量校正因子	化合物	峰面积/cm^2	相对质量校正因子
乙醇	5.100	1.22	苯	4.000	1.00
正庚烷	9.020	1.12	乙酸乙酯	7.050	0.99

4. 某涂料稀释剂由丙酮、甲苯和乙酸丁酯构成，用色谱法测得相应数据如下：

化合物	峰面积/cm^3	相对质量校正因子
丙酮	1.63	0.87
甲苯	1.52	1.02
乙酸丁酯	3.30	1.10

计算试样中各组分的含量。

5. 某色谱柱长 60.0cm，柱内径 0.8cm，载气流量 30mL/min，空气、苯和甲苯的保留

时间（min）分别是0.25、1.58和3.43。计算：（1）苯的分配比；（2）柱的流动相 V_g 和固定相体积 V_L（假设柱的总体积为 V_g+V_L）；（3）苯的分配系数；（4）甲苯对苯的相对保留值。

6. 在一根3m长的色谱柱上，分析某试样时，得到两个组分的调整保留时间分别为13min及16min，后者的峰底宽度为1min，计算：

（1）该色谱柱的有效理论塔板数；

（2）两个组分的相对保留值；

（3）如欲使两个组分的分离度 $R=1.5$，需要有效理论塔板数为多少？此时应使用多长的色谱柱？

7. 对只含有乙醇、正庚烷、苯和乙酸乙酯的某化合物进行色谱分析，其测定数据如下：

化合物	乙醇	正庚烷	苯	乙酸乙酯
A_i/cm^2	5.0	9.0	4.0	7.0
f_i	0.64	0.70	0.78	0.79

计算各组分的质量分数。

8. 用甲醇作内标，称取0.0573g甲醇和5.869g环氧丙烷试样，混合后进行色谱分析，测得甲醇和水的峰面积分别为 $164mm^2$ 和 $186mm^2$，校正因子分别为0.59和0.56，计算环氧丙烷中水的质量分数。

模块二 高效液相色谱法

学习目标

1. 了解高效液相色谱法。
2. 熟悉高效液相色谱仪的仪器结构。
3. 掌握高效液相色谱仪的基本操作。
4. 熟悉高效液相色谱法的分类。
5. 掌握高效液相色谱法的定性分析。
6. 掌握离子色谱法基本原理。
7. 熟悉离子色谱仪的结构及各部件工作原理。
8. 掌握薄层色谱法的基本原理。

能力目标

1. 能正确操作高效液相色谱仪。
2. 能正确地维护和保养高效液相色谱仪。
3. 能正确地选择高效液相色谱分离类型，选择合适的色谱柱与流动相。
4. 能正确地利用高效液相色谱法分析检测样品，对样品中的组分进行准确定性与定量。
5. 能正确利用离子色谱仪对样品中阴、阳离子进行定性与定量分析。

思政目标

1. 通过高效液相色谱仪的操作，培养学生严谨的工作作风和安全意识。
2. 通过样品的分析检测，培养学生的责任、环保与团队协作意识、实事求是的职业道德。
3. 通过技能训练过程中出现的问题，培养学生发现与质疑，探索，求真务实的科学观。

典型工作任务

通过饮料中苯甲酸、山梨酸含量的测定，能正确操作高效液相色谱仪，能正确地对样品进行定性和定量分析。

任务一 认识高效液相色谱法

一、与经典液相色谱法比较

高效液相色谱法（HLPC）是继气相色谱之后，20 世纪 70 年代初期发展起来的一种以液体做流动相的新色谱技术。高效液相色谱是在气相色谱和经典色谱的基础上发展起来的。现代液相色谱和经典液相色谱没有本质的区别。不同点仅仅是现代液相色谱比经典液相色谱有较高的效率和实现了自动化操作。经典的液相色谱法，流动相在常压下输送，所用的固定相柱效低，分析周期长。现代液相色谱法引用了气相色谱的理论，流动相改为高压输送（最高输送压力可达 4.9×10^{7}Pa）；色谱柱是以特殊的方法用小粒径的填料填充而成，从而使柱效大大高于经典液相色谱（每米塔板数可达几万或几十万）；柱后连有高灵敏度的检测器，可对流出物进行连续检测。因此，高效液相色谱具有分析速度快、分离效能高、自动化等特点。所以人们称它为高压、高速、高效或现代液相色谱法。

二、与气相色谱法比较

和气相色谱一样，液相色谱分离系统也由固定相和流动相组成。液相色谱的固定相可以是吸附剂、化学键合固定相（或在惰性载体表面涂上一层液膜）、离子交换树脂或多孔性凝胶；流动相是各种溶剂。液相色谱分离原理是被分离混合物由流动相液体推动进入色谱柱，根据各组分在固定相及流动相中的吸附能力、分配系数、离子交换作用或分子尺寸大小的差异进行分离。色谱分离的实质是样品分子（以下称溶质）与溶剂（即流动相或洗脱液）以及固定相分子间的作用，作用力的大小，决定色谱过程的保留行为。根据分离机制不同，液相色谱可分为液固吸附色谱、液液分配色谱、化学键合色谱、离子交换色谱以及分子排阻色谱等类型。

液相色谱所用基本概念，保留值、塔板数、塔板高度、分离度、选择性等与气相色谱一致。液相色谱所用基本理论，塔板理论与速率方程也与气相色谱基本一致。但由于在液相色谱中以液体代替气相色谱中的气体作为流动相，而液体和气体的性质不相同；此外，液相色谱所用的仪器设备和操作条件也与气相色谱不同，所以，液相色谱与气相色谱有一定差别，主要有以下几方面。

① 应用范围不同。气相色谱仅能分析在操作温度下能气化而不分解的物质。对高沸点化合物、非挥发性物质、热不稳定化合物、离子型化合物及高聚物的分离、分析较为困难。致使其应用受到一定程度的限制，据统计只有大约 20%的有机物能用气相色谱分析；而液相色谱则不受样品挥发度和热稳定性的限制，它非常适合分子量较大、难气化、不易挥发或对热敏感的物质、离子型化合物及高聚物的分离分析，大约占有机物的 70%～80%。

② 液相色谱能完成难度较高的分离工作。因为：a. 气相色谱的流动相载气是色谱惰性的，不参与分配平衡过程，与样品分子无亲和作用，样品分子只与固定相相互作用。而在液相色谱中流动相液体也与固定相争夺样品分子，为提高选择性增加了一个因素。也可选用不同比例的两种或两种以上的液体做流动相，增大分离的选择性。b. 液相色谱固定相类型多，如离子交换色谱和排阻色谱等，作为分析时选择余地大；而气相色谱是不可能的。c. 液相色谱通常在室温下操作，较低的温度，一般有利于色谱分离条件的选择。

③ 由于液体的扩散性比气体的小，因此，溶质在液相中的传质速率慢，柱外效应就显得特别重要；而在气相色谱中，柱外区域扩张可以忽略不计。

④ 液相色谱中制备样品简单，回收样品也比较容易，而且回收是定量的，适合于大量制备。但液相色谱尚缺乏通用的检测器，仪器比较复杂，价格昂贵。在实际应用中，这两种色谱技术是互相补充的。

综上所述，高效液相色谱法（HLPC）具有高柱效、高选择性、分析速度快、灵敏度高、重复性好、应用范围广等优点。该法已成为现代分析技术的重要手段之一，目前在化学、化工、医药、生化、环保、农业等科学领域获得广泛的应用。

任务二 认识高效液相色谱仪

一、高效液相色谱仪的工作流程

液相色谱仪的基本工作过程：分析前，选择适当的色谱柱和流动相，流动相过滤脱气；然后开泵，冲洗柱子，待柱子达到平衡而且基线平直；用微量注射器把样品注入进样口；流动相把试样带入色谱柱进行分离；分离后的组分依次流入检测器的流通池，组分和洗脱液一起排入流出物收集器，检测器把组分浓度转变成电信号；电信号经过放大，用记录器记录下来就得到色谱图，色谱图是定性、定量和评价柱效高低的依据。

二、基本结构

高效液相色谱仪种类很多，不论何种类型的高效液相色谱仪，基本上分为四个部分：高压输液系统、进样系统、分离系统、检测系统，图 2-1 是高效液相色谱仪的基本结构示意图。

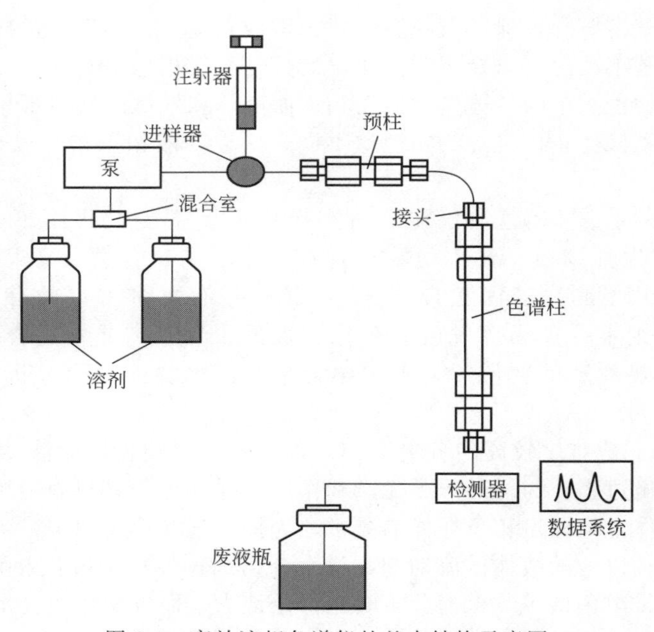

图 2-1 高效液相色谱仪的基本结构示意图

（一）高压输液系统

高压输液系统的部件包括溶剂贮存器、高压泵、过滤器、梯度洗脱装置、脱气装置和管路连接等，其作用是不断地向仪器提供具有连续、稳定、精确流量的流动相。

1. 溶剂贮存器

溶剂贮存器一般由玻璃、不锈钢或氟塑料制成，容量一般为0.5～2.0L，用来贮存足够数量、符合要求的流动相。使用过程中溶剂贮存器应密闭，以防止溶剂蒸发引起流动相的变化，也可防止空气中的O_2、CO_2等气体重新溶解于已经脱气的流动相或组成流动相的各种溶剂中。溶剂贮存器放置时应高于泵体，一般位于仪器顶端，以保持一定的输液压差。

流动相或组成流动相的各种溶剂放入贮液罐前应过滤和脱气。过滤常使用0.45μm以下微孔滤膜以除去3～4μm及以上的固体杂质，避免阻塞输液管道和进入色谱柱，影响色谱仪的正常工作。滤膜可分为有机溶剂专用和水溶剂专用两种。

2. 脱气装置

流动相溶液往往因溶解氧气或混入了空气而形成气泡。气泡进入色谱柱，可能引起色谱柱的氧化；气泡进入检测器后影响检测器的性能，如在荧光检测中，溶解氧还会使荧光猝灭，会在色谱图上出现尖锐的噪声峰，会使基线不平；溶解气体导致流速不稳定及色谱峰扩展，还可能引起某些样品的氧化或使溶液pH值发生变化。

目前，液相色谱流动相脱气使用较多的是离线超声波振荡脱气、在线惰性气体鼓泡吹扫脱气和在线真空脱气。其中超声波振荡脱气是将配制好的流动相连容器放入超声水槽中脱气10～20min。这种方法比较简便，又基本上能满足日常分析操作的要求，使用广泛。

3. 高压泵

高压泵是高效液相色谱仪中关键部件之一，其功能是将溶剂贮存器中的流动相以高压形式连续不断地送入色谱柱中，使样品在色谱柱中完成分离过程。高压泵性能的好坏直接影响高效液相色谱仪的整体性能。因此对泵的要求是输出压力高、流量范围大、流量恒定、无脉动，流量精度和重复性为0.5%左右。此外，还应耐腐蚀，密封性好。

高压输液泵，按其性质可分为恒压泵和恒流泵两大类。恒压泵保持输出压力恒定，而流量随外界阻力变化而变化，现已较少使用。如果系统阻力不发生变化，恒压泵就能提供恒定的流量。

恒流型是能给出恒定流量、无脉动的泵，其流量与流动相黏度和柱渗透无关，对液相色谱分析来说，输液泵的流量稳定性更为重要，这是因为流速的变化会引起溶质的保留值的变化，而保留值是色谱定性的主要依据之一，因此，恒流泵的应用更广泛。

4. 过滤器

高压输液泵的活塞和进样阀阀芯的机械加工精密度非常高，微小的机械杂质进入流动相，就会导致上述部件的损坏；同时机械杂质在柱头的积累，会造成柱压升高使色谱柱不能正常工作，因此在高压输液泵的进口和它的出口与进样阀之间，必须设置过滤器。

5. 梯度洗脱装置

梯度洗脱相当于气相色谱的程序升温，高效液相色谱有等浓度洗脱和梯度洗脱两种。等浓度洗脱是指在同一分析周期内流动相的组成保持恒定，适用于组分数目少、性质差别不大的样品分析。梯度洗脱就是在分离过程中使两种或两种以上不同极性的溶剂按一定程序连续改变它们之间的比例，从而使流动相的强度、极性、pH值或离子强度相应地变化，达到提高分离效果，缩短分析时间的目的。

梯度洗脱装置分为两类。一类是外梯度装置（又称低压梯度），流动相在常温常压下混合，用高压泵压至柱系统，仅需一台泵即可。另一类是内梯度装置（又称高压梯度），将两种溶剂分别用泵增压后，按电器部件设置的程序，注入梯度混合室混合，再输至柱系统。

梯度洗脱的实质是通过不断地变化流动相的强度，来调整混合样品中各组分的 k 值，使所有谱带都以最佳平均 k 值通过色谱柱。它的优点是分离复杂混合物，使所有组分都处在最佳的 k 值范围内，从而提高色谱柱的柱效、缩短分析时间。但是它的缺点是检测器的使用受到限制，分析结果的重复性取决于流速的稳定性，柱子需进行再生处理。

6. 高压输液系统的维护与保养

高压输液系统是保证整个液相色谱系统畅通、流量准确及压力稳定的关键部件，为了保证基线平稳，压力稳定，采用色谱级的流动相，且流动相需要过滤、脱气；使用新配制的流动相，尤其是水及缓冲溶液建议不超过两天；避免使用对不锈钢有腐蚀性的溶剂；定期清洗贮液瓶及过滤器，以保持其清洁，建议每三个月至少清洗一次。开泵前，用10%异丙醇冲洗装置，一般每分钟3～5滴，使泵中充满异丙醇溶液，防止盐析出，并定期更换高压泵的密封垫圈。

（二）进样系统

进样系统包括进样口、注射器和进样阀等，它的作用是把分析试样有效地送入色谱柱上进行分离。与GC相比，HPLC柱要短得多，因此由于柱本身所产生的峰形展宽相对要小些。即HPLC的展宽多因一些柱外因素引起。这些因素包括：进样系统、连接管道及检测器的死体积。进样系统要求密封性好、死体积小、重复性好，保证进样中心进样，进样引起色谱分离系统的压力和流量波动很少。HPLC通常采用手动和自动进样两种进样方式，两种方式都要通过六通阀。

1. 六通阀进样器

六通阀进样器是目前最常用的手动进样器，它耐高压、重复性好、操作方便。六通阀进样器由高压六通阀和定量环（一般体积为10μL、20μL）组成，可以直接在高压作用下，将样品送入色谱柱中。定量环的作用是控制进样体积，更换不同体积的定量环，可调整进样量。六通阀进样器结构如图2-2所示。

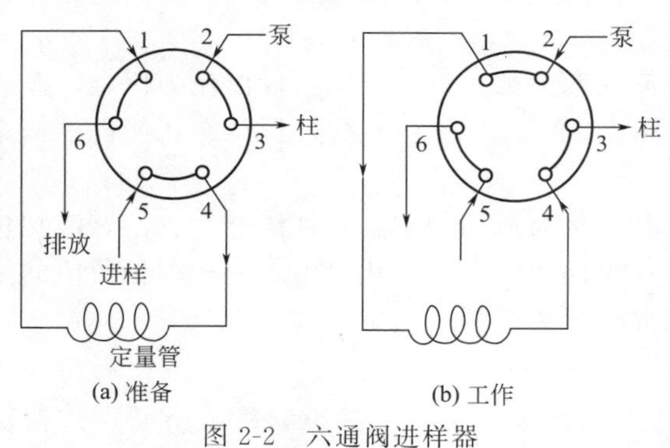

图2-2　六通阀进样器

操作时先将阀柄置于进样准备位置[图2-2(a)]，这时进样口只与定量环接通，处于常压状态。用平头微量注射器注入样品溶液，样品停留在定量环中，多余的样品溶液从6处溢出，将进样器阀柄顺时针转动60°至图2-2(b)所示的工作位置时，流动相与定量环接通，样品被流动相带到色谱柱中进行分离分析。

进样注意点：为了确保进样的准确度，装样时微量注射器的试样必须大于定量环的体积，进样体积不小于定量环体积的3～4倍，这样才能完全置换定量环内的流动相，且要求进样装置的密封性好、死体积小；进样阀的废液出口端高度必须与进样针在同一水平位置，以免虹吸作用，使样品向针筒方向回流，或从废液出口流出；使用前后，要用流动相（不含酸碱等缓冲液）或甲醇或水冲洗针孔，用针孔清洗器。

2. 微量注射器

同GC一样，用1～100μL注射器将样品注入专门设计的与色谱柱相连的进样头内，这种进样方式可以获得比其它任何一种进样方式都要高的柱效，而且价格便宜。注射器进样不能承受高压，在压力超过15MPa后，密封垫会产生泄漏。进样前应用流动相冲洗进样孔，以除去前一针留下的样品。注射针必须清洗干净。

3. 自动进样器

在程序控制器或微机控制下，可自动进行取样、进样、清洗等一系列动作，操作者只需将样品按顺序装入样品盘。可同时分析几十或上百个样品，适用于批量分析。但是此装置一次性投资高，目前国内尚未得到广泛应用。

（三）分离系统

分离系统包括色谱柱、恒温器和连接管等部件。

1. 色谱柱

色谱柱一般用内部抛光的不锈钢制成。其内径为4～5mm，柱长为5～30cm，柱形多为直形，内部充满微粒固定相。柱的填充主要采用匀浆法。根据使用匀浆试剂的性质不同可分为平衡密度法和非平衡密度法。平衡密度法也就是使溶剂密度和填充颗粒密度相近，此时颗粒沉降速度趋于零，常用的匀浆试剂有四氯乙烯、四溴乙烷和二碘甲烷等；非平衡密度法是使用黏度较大的试剂，如CCl_4、CH_3OH、丙酮、二氧杂环己烷、THF等。色谱柱填充时，按上述方法制作匀浆液，用流动相充满色谱柱及其延长管，然后将匀浆液倒入匀浆填充器，在较高压力下迅速将其注入色谱柱内，要求填充速度快（防凝聚、沉降或结块）且无空气进入（影响填充均匀性）。

色谱柱按分离机制可分为吸附型色谱柱、化学键合相色谱柱、离子交换色谱柱、凝胶色谱柱、亲和色谱柱和手性色谱柱等；按主要用途分为分析型和制备型。色谱柱温度一般为室温或接近室温。

2. 色谱柱的维护

色谱柱使用前必须参考说明书，应在要求的pH范围和柱温范围下使用，避免使用高黏度的溶剂作为流动相。色谱柱在装填料之前是没有方向性的，但填充完毕的色谱柱是有方向的，即流动相的方向应与柱的填充方向（装柱时填充液的流向）一致，色谱柱的管外都以箭头显著地标示了该柱的使用方向，安装和更换色谱柱时一定要使流动相能按箭头所指方向流动。每天分析工作结束，要清洗进样阀、清洗色谱柱。色谱柱不使用时，将柱内充满甲醇，柱两端的接头拧紧密封。

（四）检测系统

检测器是液相色谱仪的关键部件之一。对检测器的要求是：灵敏度高，重复性好，线性范围宽，死体积小以及对温度和流量的变化不敏感等。在液相色谱中，有两种类型的检测器，一类是选择型检测器，它仅对被分离组分的物理或物理化学特性有响应，属于此类检测器的有紫外、荧光、电化学检测器等；另一类是通用型检测器，它对试样和洗脱液总的物理和化学性质响应，属于此类检测器的有示差折光检测器等。由于通用型检测器对流动相也有响应，因此易受环境温度、流量变化等因素的影响，造成较大的噪声和漂移，限制了检测灵敏度，不适于做痕量分析，并且通常不能用于梯度洗脱操作，选择型检测器灵敏度高，受外界影响小，并且可用于梯度洗脱操作。

1. 紫外光度检测器

紫外光度检测器（UVD）的检测原理和紫外可见分光光度法一样，基于样品中被测组分对一定波长的紫外光的选择性吸收，吸光度与组分浓度成正比关系，而流动相在所使用的波长范围内无吸收，这也是紫外检测器进行定量分析的基础。在选择测量波长时注意溶剂必须能让所选择的光透过，即所选波长不能小于溶剂的最低使用波长。HPLC 分析中，约有 80%的物质可以在 254nm 或 280nm 处产生紫外吸收。因此紫外光度检测器是应用最广泛的选择性检测器。紫外检测器灵敏度高、线性范围宽，最小检测量可达 10^{-9}g，受操作条件变化和外界环境影响很小，对流速和温度变化不敏感，可用于梯度洗脱分离。

紫外检测器有一定的使用寿命，标准氘灯的使用寿命一般为 1000h，所以平时应尽量减少氘灯的使用时间，在分析前、柱平衡后，打开检测器，分析结束后关闭检测器，应定期清理流通池，通常用针筒注入异丙醇，清洗样品池。

2. 示差折射检测器

示差折射检测器（RID）是以测量含有待测组分的流动相相对于纯流动相的折射率的变化为基础。温度一定时，溶液的浓度与含有待测组分的流动相和纯流动相的折射率差值成正比。因此只要溶剂与样品折射率有一定的差值，即可进行检测。示差折射检测器为通用型检测器，检测限可达 10^{-7}g/mL。对温度变化敏感、对流动相流量变化敏感，不能使用梯度洗脱。

3. 荧光检测器

荧光检测器（FLD）利用某些溶质在受紫外光激发后，能发射可见光（荧光）的性质来进行检测。由于不同物质的激发波长不同，受激发后所产生的荧光波长有差异，因此荧光检测器是一种高灵敏度和高选择性的检测器。对不产生荧光的物质，可使其与荧光试剂反应，制成可发生荧光的衍生物再进行测定。但是不能用含有发生荧光物质的溶剂。荧光检测器是一种选择性很强的检测器，其灵敏度比 UV 检测器高 2～3 个数量级，对温度变化、流动相流量变化不敏感，可用梯度洗脱。

4. 电导检测器

电导检测器是根据物质在某些介质中电离后所产生的电导变化来测定电离物质含量，它是一种选择性电化学检测器，是离子色谱法中使用最广泛的检测器。电导检测器的主要部件是电导池。电导检测器的响应受温度的影响较大，因此要求严格控制温度，一般在电导池内放置热敏电阻器进行监测。电导检测器在溶剂 pH 值大于 7 时不够灵敏，不能使用梯度洗脱。

三、基本操作

不同公司、不同型号的高效液相色谱仪使用方法上有一定的差异，但是基本操作是一致的。

① 操作前的准备。

a. 根据样品的性质，选择合适的色谱柱、流动相。

b. 预处理样品　用合适流动相溶解样品，用 0.45μm 的滤膜进行过滤。如果样品很脏，就用 0.22μm 的滤膜进行过滤；如果样品含有复杂的基质，则需进行分离处理；如果是痕量样品，则需进行富集处理，以达到高效液相色谱的检测限，产生信号；如果使用紫外或荧光检测器，而分析的组分无紫外吸收或不产生荧光，则需要与有紫外吸收或能产生荧光的试剂反应，制成可吸收紫外或能产生荧光的衍生物再进行测定。

c. 预处理流动相　用 0.45μm 或更小孔径滤膜进行过滤，并进行脱气处理，并将预处理过的流动相倒进溶剂贮存器中。

② 打开仪器电源与计算机开关，待仪器自检结束后（正常），打开输液泵、检测器及其

它部件的电源开关。

③ 根据样品的性质，在色谱工作站中或仪器中输入分析参数，如样品信息、检测器波长、流动相流速等。检查设定的各项参数无误后，将设置的方法存于色谱工作站中。

④ 打开排液阀，启动输液泵，使管路中的空气排出后，关上排液阀。

⑤ 待基线稳定后开始定性定量分析测试工作。

⑥ 测试完毕后，退出色谱工作站，关闭检测器电源。分别选择合适的有机相和水相洗色谱柱 20～30min，确保冲洗干净后，才可关闭仪器电源。

⑦ 填写仪器使用记录簿。

操作高效液相色谱仪时还需注意如下事项：每次做完实验后，注意要清洗管路以及色谱柱，防止管路、脱气机及色谱柱堵塞；若流动相中需要加入盐类物质，一定要将盐类物质过滤并且现配现用，不用后将盐类物质立即倒掉，不可将盐类物质存放在溶剂贮存器中；当迫使阀打开，流速为 5mL/min，系统的压力高于 0.5MPa 时，注意更换泵的过滤白头；切忌用纯的乙腈去冲洗管路。

任务三 高效液相色谱法的分类

根据分离机制的不同，高效液相色谱分为液固吸附色谱、液液分配色谱、化学键合色谱、离子交换色谱、离子对色谱、离子色谱以及空间排阻色谱等类型。接下来分别介绍这些类型液相色谱的分离机理、固定相的选择以及流动相的选择。无论何种类型的液相色谱，它们对流动相的一般要求是：①高纯度，由于高效液相色谱灵敏度高，对流动相溶剂的纯度也要求高。不纯的溶剂会引起基线不稳，或产生“伪峰”。②化学稳定性好。③溶剂对于待测样品，必须具有合适的极性和良好的选择性。④低黏度（黏度适中），若使用高黏度溶剂，势必增大压力，不利于分离。常用的低黏度溶剂有丙酮、甲醇和乙腈等；但黏度过低的溶剂也不宜采用，例如戊烷和乙醚等，它们容易在色谱柱或检测器内形成气泡，影响分离。⑤溶剂与检测器匹配，对于紫外吸收检测器不能用对紫外光有吸收的溶剂，配备荧光检测器时不能用含有发生荧光物质的溶剂，对于示差检测器，要求选择与组分折射率有较大差别的溶剂作为流动相，以达到最高灵敏度。⑥应尽量避免使用具有显著毒性的溶剂，以保证工作人员的安全。

一、液固吸附色谱法

1. 分离原理

液固吸附色谱是以固体吸附剂为固定相的液相色谱法。其分离原理是待测组分分子和流动相分子在吸附剂表面的吸附活性中心上进行竞争吸附，这种竞争吸附形成不同组分在吸附剂表面的吸附、解吸平衡。平衡常数的不同导致不同溶质得以分离。

吸附剂吸附试样的能力，主要取决于吸附剂的比表面积和理化性质，试样的组成和结构等。组分与吸附剂的性质相似时，易被吸附，呈现高的保留值；当组分分子结构与吸附剂表面活性中心的刚性几何结构相适应时，易于吸附。吸附色谱可以有效分离几何异构体；不同的官能团具有不同的吸附能，因此，吸附色谱可按族分离化合物。吸附色谱对同系物没有选择性（即对分子量的选择性小），不能用该法分离分子量不同的化合物。

2. 固定相的选择

液固色谱法采用的固体吸附剂按其性质可分为极性和非极性两种类型。极性吸附剂包括硅胶、氧化铝、氧化镁、硅酸镁、分子筛及聚酰胺等。非极性吸附剂最常见的是活性炭。极性吸附剂可进一步分为酸性吸附剂和碱性吸附剂。酸性吸附剂包括硅胶和硅酸镁等，碱性吸附剂有氧化铝、氧化镁和聚酰胺等。酸性吸附剂适于分离碱，如脂肪胺和芳香胺。碱性吸附剂则适于分离酸性溶质，如酚、羧酸和吡咯衍生物等。各种吸附剂中常用的有硅胶、氧化铝、分子筛和活性炭等全多孔型或薄壳型固体吸附剂，目前应用较多的是直径为 5～10pm 的全多孔型硅胶微粒，其特点是颗粒小，传质距离短、柱效高。

3. 流动相的选择

液固吸附色谱中的流动相常称为洗脱剂，它的选择比固定相更为重要。在液固色谱中，选择流动相的基本原则是极性大的试样用极性较强的流动相，极性小的则用低极性流动相。流动相的极性强度可用溶剂强度参数 ε° 来表征，ε° 为溶剂在单位标准吸附剂上的吸附能。ε° 值大说明流动相极性大，溶剂强度大，洗脱能力强。为了获得合适的溶剂极性，常采用两种、三种或更多种不同极性的溶剂混合起来使用，来获得所需极性的流动相，如果样品组分的分配比 k 值范围很广则使用梯度洗脱。

二、液液分配色谱法

1. 分离原理

在液液色谱中，一个液相作为流动相，而另一个液相则涂渍在很细的惰性担体或硅胶上作为固定相。流动相与固定相应互不相溶，两者之间应有一明显的分界面。液液分配色谱的分离机理是根据样品中各组分在固定相与流动相中的相对溶解度（分配系数）的差异进行分离。

分配色谱过程与两种互不相溶的液体在一个分液漏斗中进行的溶剂萃取相类似。与气液分配色谱法一样，这种分配平衡的总结果导致各组分的差速迁移，从而实现分离。分配系数（K）或分配比（k）小的组分，保留值小，先流出柱。然而与气相色谱法不同的是，流动相的种类对分配系数有较大的影响。

2. 固定相的选择

液液色谱的固定相由担体和固定液组成。担体分为两种类型，一种是表面多孔型担体（薄壳型微球担体），由直径为 30～40μm 的实心玻璃球和厚度约为 1～2μm 的多孔性外层（多孔硅胶）所组成。另一种是全多孔型微球担体，由纳米级的硅胶微粒堆积而成，又称堆积硅珠。这种担体粒度为 5～10μm。由于颗粒小，所以柱效高，是目前使用最广泛的一种担体。

由于液相色谱中，流动相参与选择作用，流动相极性的微小变化，都会使组分的保留值出现较大的差异。因此，液相色谱中，只需几种不同极性的固定液即可，如强极性的 β,β'-氧二丙腈（ODPN）、中等极性的聚乙二醇（PEG）和非极性的十八烷（ODS）、角鲨烷固定液等。这些固定液具有分离重现性好、样品容量大、分离样品范围广等优点。

3. 流动相的选择

在液液色谱中，流动相除一般要求外，还要求流动相对固定相的溶解度尽可能小，因此固定液和流动相的性质往往处于两个极端，例如当选择固定液是极性物质时，所选用的流动相通常是极性很小的溶剂或非极性溶剂。根据固定相、流动相性质不同，液相色谱分为正相分配色谱和反相分配色谱。在正相色谱中，固定相的极性（极性的）大于流动相的极性（非极性或弱极性），极性小的组分先洗脱出来；而在反相色谱中，固定相的极性小于流动相的极性，极性大的组分先洗脱出来。

在液液分配色谱中使用溶剂作为流动相。在正相色谱中，洗脱剂采用低极性的溶剂如正己烷、苯、氯仿等，根据样品组分的性质，常选择极性较强的溶剂，如醚、酯、酮、醇、酸等作为调节剂；在反相色谱中，常以水为流动相的主体，加入不同配比的有机溶剂，如甲醇、乙腈、二氧六环、四氢呋喃等作为调节剂。

三、化学键合相色谱法

液液分配色谱中将固定液机械地涂渍在担体上，固定液易被流动相洗脱而导致柱效能下降。20 世纪 70 年代初发展了一种新型的固定相——化学键合固定相。这种固定相是通过化学反应把各种不同的有机基团键合到硅胶（担体）表面的游离羟基上，代替机械涂渍的液体固定相。这不仅避免了液体固定相流失的困扰，还大大改善了固定相的功能，提高了分离的选择性，化学键合色谱适用于分离几乎所有类型的化合物。根据键合相与流动相之间相对极性的强弱，可将键合相色谱分为正相键合相色谱法和反相键合相色谱法。正相键合相色谱法指流动相的极性比固定相极性要弱；在反相键合相色谱法中流动相的极性比固定相极性要强。反相色谱在现代液相色谱中应用最为广泛。

关于化学键合相色谱分离原理，一般认为，正相键合相色谱法的分离机制属于分配色谱，但是对反相键合相色谱法分离机制的认识尚不一致，因此不作赘述。

1. 固定相的选择

化学键合固定相一般都采用硅胶（薄壳型或全多孔微粒型）为基体。在键合反应之前，要对硅胶进行酸洗、中和、干燥活化等处理，然后再使硅胶表面上的硅羟基与各种有机物或有机硅化合物起反应，制备化学键合固定相。键合相可分为三种键型：

（1）硅酯型键合相（≡Si…O—C≡） 硅球表面羟基具有一定酸性，可与醇类发生酯化反应，生成硅酯型键合相。硅酯型键合相对热不稳定，遇水、乙醇等强极性溶剂会水解，使酯链断裂，因此只适于不含水或醇的流动相。

（2）硅氧烷型键合相（≡Si…O—Si≡） 硅酯型键合相是由硅胶、玻璃微球与硅烷化试剂二氯有机硅烷反应得来。这种键型不水解，热稳定性好，在 pH 2～8 范围内对水稳定。

（3）硅碳型键合相（≡Si—C≡） 硅碳型键合相是利用格氏反应使硅球与 R—基直接键合而成。其不水解，热稳定性比硅酸酯好，但所用的格氏反应不方便，使用水溶液作为流动相时，pH 值应在 4～8 之间。

2. 流动相的选择

在正相色谱中，一般采用极性键合固定相，硅胶表面键合的是极性的有机基团，键合相的名称由键合上去的基团而定。最常用的有氰基（—CN）、氨基（$—NH_2$）、二醇基（DIOL）键合相。流动相一般用比键合相极性小的非极性或弱极性有机溶剂，如烃类溶剂，或其中加入一定量的极性溶剂（如氯仿、醇、乙腈等），以调节流动相的洗脱强度，通常用于分离极性化合物。

在反相色谱中，一般采用非极性键合固定相，如硅胶—$C_{18}H_{37}$（简称 ODS 或 C_{18}）硅胶—苯基等，用强极性的溶剂为流动相，如甲醇/水，乙腈/水，水和无机盐的缓冲液等。一般地，固定相的烷基配合基或分离分子中非极性部分的表面积越大，或者流动相表面张力及介电常数越大，则缔合作用越强，分配比也越大，保留值越大。在反相键合相色谱中，极性大的组分先流出，极性小的组分后流出。

四、离子交换色谱法

1. 分离原理

离子交换色谱以离子交换树脂为固定相，树脂上具有固定离子基团及可交换的离子基团。离子交换色谱法的分离原理是：当流动相带着组分电离生成的离子通过固定相时，组分离子与树脂上可交换的离子基团进行可逆交换，根据组分离子对树脂亲和力不同而得到分离。

阳离子交换：树脂—$SO_3^- H^+ + M^+ \rightleftharpoons$ 树脂—$SO_3^- M^+ + H^+$

阴离子交换：树脂—$NR_3^+ Cl^- + X^- \rightleftharpoons$ 树脂—$NR_3^+ X^- + Cl^-$

不同的离子与树脂离子的交换能力（亲和能力）不同，亲和力越大，离子越难洗脱，从而得以分离。

2. 固定相的选择

按结合的基团不同，离子交换树脂可分为阳离子交换树脂和阴离子交换树脂。

阳离子交换树脂上具有与阳离子交换的基团。阳离子交换树脂又可分为强酸性和弱酸性树脂。强酸性阳离子交换树脂所带的基团为—$SO_3^- H^+$，其中—SO_3^- 和有机聚合物牢固结合形成固定部分，H^+ 是可流动的能为其它阳离子所交换的离子。弱酸性阳离子交换树脂所带的基团为—$COO^- H^+$。

阴离子交换树脂具有与样品中阴离子交换的基团。阴离子交换树脂也可分为强碱性和弱碱性树脂。强碱性阴离子交换树脂所带的基团为—$CH_2NR_3^+ Cl^-$。弱碱性阴离子交换树脂所带的基团为—$NH_3^+ Cl^-$。

离子交换树脂作为固定相，传质快，有利于加快分析速度，提高柱效，但柱容太低。强酸（碱）性树脂适于做无机离子分析，而弱酸（碱）性树脂适用于有机物分析。但由于强酸（碱）性树脂比弱的稳定，且可适用于宽的 pH 值范围，因此在高效液相色谱中也常采用强酸（碱）性树脂分析有机物。例如，可用强酸性阳离子树脂分析生物碱、嘌呤，用强碱性阴离子树脂分析有机酸、氨基酸、核酸等。

3. 流动相的选择

离子交换树脂的流动相最常使用水缓冲溶液，有时也使用有机溶剂如甲醇或乙醇同水缓冲溶液混合使用，以提高特殊的选择性，并改善样品的溶解度。组分的保留值可用流动相中盐的浓度（或离子强度）和 pH 值来控制，增加盐的浓度导致保留值降低。通常强酸性及强碱性离子交换树脂在较宽 pH 值范围内都能离解。而弱酸性阳离子交换树脂在酸性介质中不离解，只能用中性或碱性流动相。同样，弱碱性阴离子交换树脂也只能采用中性或酸性流动相。流动相 pH 值应选择在样品组分的 pH 值附近。

五、离子对色谱法

各种强极性的有机酸、有机碱的分离分析是液相色谱法中的重要课题。离子对色谱是将一种或数种与样品离子电荷相反的离子（称为对离子或反离子）加入到色谱系统流动相或固定相中，使其与样品离子结合生成离子对（中性缔合物）的分离方法，多为反相离子对色谱。在反相离子对色谱法中，多采用非极性的疏水固定相（如十八烷基键合相），以水为主的缓冲液或水-甲醇、水-乙腈等混合溶剂作为流动相，加入的离子对试剂有四丁基铵正离子、十二烷基磺酸根、十六烷基三甲基铵正离子等。

离子对色谱法适用于强极性的有机酸、有机碱和离子、非离子的混合物；特别是一些生化试样如核酸、核苷、儿茶酚胺、生物碱以及药物等的分离；还可借助离子对的生成，给试样引入紫外吸收或发荧光的基团，以提高检测灵敏度。

六、离子色谱法

离子色谱法是20世纪70年代中期发展起来的一项新的液相色谱法，很快便发展成为水溶液中阴离子分析的最佳方法。离子色谱法的分离机制与离子交换色谱法相同。通常通过测量电导率来进行检测，然而由于流动相中电解质浓度高，所以很不理想。低交换容量色谱柱的发展使低离子强度的流动相得以使用，低离子强度流动相可以进一步去离子（设置抑制柱），以达到高灵敏度电导检测。

离子色谱法分为双柱抑制型离子色谱法和单柱非抑制型离子色谱法。双柱抑制型色谱法是在分离柱和检测器之间加一个化学抑制器，其作用有二，一是降低淋洗液的背景电导，二是增加被测离子的电导值，改善信噪比，灵敏度高。试样组分分子在分离柱和抑制柱上的反应原理与离子交换色谱法相同。单柱非抑制型则是分离柱直接联结电导检测器，即洗脱液（流动相）直接进入电导检测器，简单、分辨率较好。

七、空间排阻色谱法

空间排阻色谱法也称凝胶色谱法，是一种根据试样分子的尺寸进行分离的色谱技术，被广泛应用于大分子的分级，即用来分析大分子物质分子量的分布。根据所用流动相的不同，凝胶色谱可分为两类：一类用水溶液作为流动相的称为凝胶过滤色谱；一类用有机溶剂作为流动相的称为凝胶渗透色谱。排阻色谱的色谱柱的填料是凝胶，它是一种表面惰性、含有许多不同尺寸的孔穴或立体网状物质。

1. 分离原理

空间排阻色谱法的分离机制是：凝胶的孔穴仅允许直径小于孔开度的组分分子进入，这些孔对于流动相分子来说是相当大的，以致流动相分子可以自由地扩散出入；对不同大小的组分分子，可分别渗入到凝胶孔内的不同深度，大个的组分分子可以渗入到凝胶的大孔内，但进不了小孔甚至于完全被排斥；小个的组分分子，大孔小孔都可以渗入，甚至进入很深，一时不易洗脱出来。因此，大的组分分子在色谱柱中停留时间较短，很快被洗脱出来，它的洗脱体积很小；小的组分分子在色谱柱中停留时间较长，洗脱体积较大，直到所有孔内的最小分子到达柱出口，完成按分子大小而分离的洗脱过程。

2. 固定相和流动相的选择

空间排阻色谱的固定相一般可分为软性、半刚性和刚性凝胶三类。所谓凝胶，指含有大量液体（一般是水）的柔软而富有弹性的物质，它是一种经过交联而具有立体网状结构的多聚体。

（1）软性凝胶　如葡聚糖凝胶、琼脂糖凝胶都具有较小的交联结构，其微孔能吸入大量的溶剂，并能溶胀到它干体的许多倍。它们适用于水溶性溶剂流动相，一般用于小分子质量物质的分析，不适宜用于高效液相色谱中。

（2）半刚性凝胶　如高交联度的聚苯乙烯，常以有机溶剂作为流动相。

（3）刚性凝胶　如多孔硅胶、多孔玻璃等，它们既可用水溶性溶剂，又可用有机溶剂作为流动相，可在较高压强和较高流速下操作。

排阻色谱的流动相必须与凝胶本身非常相似，对其有湿润性并防止它的吸附作用。一般情况下，对分离高分子有机化合物，采用的溶剂主要是四氢呋喃、甲苯、间甲苯酚等，生物物质的分离主要用水、缓冲盐溶液、乙醇及丙酮等。

任务四 高效液相色谱的定性与定量分析

一、定性分析

液相色谱法中影响溶质分离的因素较多，导致同一组分在不同色谱条件下的保留值相差很大，即使在相同实验条件下，同一组分在不同色谱柱上的保留也可能有很大差别，因此液相色谱法与气相色谱法相比，定性的难度更大。常用的几种定性方法，简述如下。

1. 利用已知标准样品保留值直接对照定性

利用标准样品对未知化合物定性是最常用的液相色谱定性方法，该方法的原理与气相色谱法中相同。具体方法是：首先在相同的色谱条件下对被测化合物与标准样品进行分析检测，若两者的保留值一致，就可以初步认为被测化合物与标样相同。然后多次改变流动相的组成或色谱柱，如果被测化合物的保留值仍与标样的保留值一致，就能进一步证实被测化合物与标样为同一化合物。该方法简单，但是适用范围窄，必须要有标准物质。

2. 利用已知标准样品增加峰高法定性

将已知标准物质加到待测样品中，若某一峰增高，且改变色谱柱或流动相组成后仍能使该峰增高，则可基本认定该峰与已知标准物为同一物质。

3. 利用双检测器定性

同一种检测器对不同种类化合物的响应值是不同的，而不同的检测器对同一种化合物的响应也是不同的。所以当某一被测化合物同时被两种或两种以上检测器检测时，两检测器或几个检测器对被测化合物检测灵敏度比值是与被测化合物的性质密切相关的，可以用来对被测化合物进行定性分析，这就是双检测器定性体系的基本原理。

双检测器体系的连接一般有串联、并联两种方式。当两种检测器中的一种是非破坏型的，则可采用简单的串联连接方式，方法是将非破坏型检测器串接在破坏型检测器之前。若两种检测器都是破坏型的，则需采用并联方式连接，方法是在色谱柱的出口端连接个三通，分别连接到两个检测器上。在液相色谱中最常用于定性鉴定工作的双检测体系是紫外检测器（UVD）和荧光检测器（FLD）。

4. 利用紫外检测器全波长扫描功能定性

紫外检测器是液相色谱中使用最广泛的一种检测器。全波长扫描紫外检测器可以根据被检测化合物的紫外光谱图提供一些有价值的定性信息。

传统的方法是：在色谱图上某组分的色谱峰出现极大值，即最高浓度时，通过停泵等手段，使组分在检测池中滞留，然后对检测池中的组分进行全波长扫描，得到该组分的紫外可见光谱图；再取可能的标准样品按同样方法处理。对比两者光谱图即能鉴别出该组分与标准样品是否相同。对于某些有特殊紫外光谱图的化合物，也可以通过对照标准谱图的方法来识别化合物。

此外，利用二极管阵列检测器得到的包括色谱信号、时间、波长的三维色谱光谱图，其定性结果与传统方法相比具有更大的优势。如果待测组分与标准样品的保留时间和紫外光谱图一样，则可基本上确定为同一物质；如果保留时间一样，而紫外图谱有较大差别，则判定两者不是同一物质。

5. 利用两谱联用定性

如果标准物质缺乏或难以获得，或由于结构、理化性质相似，很多物质具有十分接近甚至相同的保留值，则保留值定性准确度存在疑问时，可采用两谱联用定性。红外光谱、紫外光谱、核磁共振波谱（NMR）和质谱（MS）对有机化合物具有很强的定性能力，可用于定性。HPLC-紫外光谱已作为液相色谱常规检查器使用；HPLC-MS 和 HPLC-NMR 也十分成熟。具体的定性方法请参照文献或专著进行学习。

6. 其它定性方法

（1）收集洗脱物后进行定性分析 收集色谱分离后的每一个分离的组分，对所得组分分别进行仪器、化学分析或其他物理参数（如沸点、折光、旋光等）测定。

（2）化学衍生法定性 利用样品中某些化合物与特征试剂柱前或柱后存在的化学反应生成相应衍生物进行定性。该定性方法使用无官能团定性。

二、定量方法

高效液相色谱的定量方法与气相色谱定量方法类似，主要有面积归一化法、外标法和内标法。面积归一化法要求所有组分都能分离并有响应，其基本方法与气相色谱中的归一化法类似。由于液相色谱所用检测器为选择性检测器，对很多组分没有响应，因此液相色谱法较少使用归一化法。外标法和内标法具体方法可参阅气相色谱的外标法和内标法定量，在此不作赘述。

技能训练四 可乐、咖啡、茶叶中咖啡因的高效液相色谱分析

一、实验目的

1. 理解可乐、咖啡、茶叶中咖啡含量的测定原理。
2. 进一步掌握高效液相色谱仪的操作方法。
3. 掌握标准曲线定量法。

二、实验原理

用反相高效液相色谱法将饮料中的咖啡因与其它组分（如单宁酸、咖啡酸、蔗糖等）分离后，使已配制的浓度不同的咖啡因标准溶液进入色谱系统。如流动相流速和泵的压力在整个实验过程中是恒定的，测定它们在色谱图上的保留时间 t_R 和峰面积 A 后，可直接用 t_R 定性，用峰面积 A 作为定量测定的参数，采用标准曲线法（即外标法）测定饮料中的咖啡因含量。

三、仪器与试剂

1. 仪器

高效液相色谱仪（带紫外检测器）；25μL 平头微量注射器。

2. 试剂

（1）甲醇（色谱纯）；二次蒸馏水；氯仿（A. R）；1mol/L NaOH；NaCl（A. R）；Na_2SO_4（A. R）；咖啡因（A. R）；可口可乐（1.25L 瓶装）；咖啡；茶叶。

（2）1000μg/mL 咖啡因标准贮备溶液：将咖啡因在 110℃ 下烘干 0.5h。准确称取 0.1000g 咖啡因，用流动相溶解，定量转移至 100mL 容量瓶中。

（3）250.0μg/mL 咖啡因标准溶液：吸取 1000μg/mL 咖啡因标准贮备溶液 25.00mL 于

100mL 容量瓶中，用流动相稀释至刻度。

四、实验步骤

1.按操作说明书使色谱仪正常工作，色谱条件为：

柱温：室温。

流动相：甲醇/水=60/40（经 0.45μm 滤膜过滤）。

流动相流量：1.0mL/min。

检测波长：275nm。

2.咖啡因标准系列溶液配制：分别用吸量管吸取 2.00、4.00、6.00、8.00、10.00（mL）咖啡因标准溶液（250.0μg/mL）于五只 25mL 容量瓶，用流动相定容至刻度，浓度分别为 20.0、40.0、60.0、80.0、100.00（μg/mL）。

3.样品处理

（1）将约 100mL 可口可乐置于 250mL 洁净干燥的烧杯中，剧烈搅拌 30min 或用超声波脱气 5min，以赶尽可口可乐中的二氧化碳。

（2）准确称取咖啡 0.25g，用水溶解定容至 100mL。

（3）准确称取茶叶 0.3g，加蒸馏水 30mL，煮沸 10min，冷却后将清液转移至 100mL 容量瓶，并按此操作重复两次，定容至刻度。将 3 份样品溶液分别进行干过滤（即用漏斗、干滤纸过滤），弃去前过滤液，取后面的过滤液。

（4）分别取上述三份样品溶液 25.00mL 于 125mL 分液漏斗中，加入 1.0mL 饱和 NaCl 溶液，1mL 1mol/L NaOH 溶液，然后用 20mL 氯仿分三次萃取（10mL、5mL、5mL）。将氯仿提取液分离后经过装有无水硫酸钠的小漏斗（在小漏斗的颈部放一团脱脂棉，上面铺一层无水硫酸钠）脱水，过滤于 25mL 容量瓶中，最后用少量氯仿多次洗涤无水硫酸钠小漏斗，将洗涤液合并至容量瓶中，定容至刻度。最后取 10mL 滤液经微孔滤膜过滤，弃去初滤液 5mL，保留后 5mL 滤液做 HPLC 分析。

4.绘制工作曲线

待液相色谱仪基线平直后，分别注入咖啡因标准系列溶液 10μL，重复两次，要求两次所得的咖啡因色谱峰面积基本一致，否则继续进样，直至每次进样色谱峰面积基本一致。

样品测定：取上述三份处理过的样品溶液各 10μL，重复两次，要求两次所得的咖啡因色谱峰面积基本一致，否则继续进样，直至每次进样色谱峰面积基本一致。然后根据标准曲线（或线性回归方程）得出试样峰面积相当于咖啡因的浓度 c(μg/mL)。

五、数据记录与处理

标准系列号	1	2	3	4	5	试样
咖啡因的浓度/(μg/mL)	20.0	40.0	60.0	80.0	100.0	ρ_x
咖啡因峰面积/mV·s						

根据标准曲线得出样品的峰面积相当于咖啡因的浓度 c(μg/mL)。

可乐型饮料中咖啡因含量（mg/L）$=c$。

咖啡、茶叶中咖啡因含量（mg/100g）$=\frac{cV\times100}{m\times1000}$。

式中，c 为由标准曲线上求得试样稀释液中咖啡因的浓度，μg/mL；V 为试样定容体积 mL；m 为试样质量。

六、注意事项

1. 液体样品必须经萃取处理，不能直接进样，虽然操作简单，但会影响色谱柱的寿命。

2. 不同牌号的茶叶、咖啡中咖啡因含量不大相同，称取样品可酌量增减。

3. 若样品和标准溶液需要保存，应置于冰箱。

4. 样品和标准的进样量要严格保持一致。

七、思考题

1. 用标准曲线法定量的优点是什么？

2. 高效液相色谱法流动相选择依据是什么？

技能训练五 饮料中苯甲酸、山梨酸含量的高效液相色谱分析

一、实验目的

1. 学习高效液相色谱仪的工作原理和操作要点。

2. 了解高效液相色谱仪工作条件的选择方法。

3. 学会使用高效液相色谱仪，识别色谱图。

4. 掌握高效液相色谱仪测定苯甲酸、山梨酸的含量（标准曲线定量方法）的原理及方法。

二、实验原理

苯甲酸和山梨酸广泛用于食品防腐剂，能够引起人的再生障碍性贫血、粒状白细胞缺乏等。因此国家严格限制其使用量。在本实验中，样品首先经过超声和加热除去二氧化碳和乙醇，然后过滤注入高效液相色谱仪，经反相 C_{18} 液相色谱柱分离后，紫外检测器 230nm 波长处检测。以色谱峰的保留时间定性，色谱峰面积在一定范围内与浓度呈线性关系进行定量分析。

三、仪器与试剂

1. 仪器

高效液相色谱仪（带紫外检测器）；25μL 平头微量注射器。

2. 试剂

（1）甲醇（色谱纯）；二次蒸馏水；氯仿（A. R）；1mol/L NaOH；NaCl（A. R）；Na_2SO_4（A. R）；苯甲酸（A. R）；山梨酸（A. R）；可口可乐（1.25L 瓶装）。

（2）1000μg/mL 苯甲酸、山梨酸标准贮备溶液：将苯甲酸、山梨酸在 110℃ 下烘干 0.5h。准确称取 0.1000g 苯甲酸、山梨酸，用流动相溶解，定量转移至 100mL 容量瓶中。

（3）50.00μg/mL 苯甲酸、山梨酸标准溶液：吸取 1000μg/mL 苯甲酸、山梨酸标准贮备溶液 2.50mL 于 50mL 容量瓶中，用流动相稀释至刻度。

四、实验步骤

1. 按操作说明书使色谱仪正常工作，色谱条件为：

柱温：室温。

流动相：甲醇/水＝60/40（经 0.45μm 滤膜过滤）。

流动相流量：1.0mL/min。

检测波长：223nm、252nm。

2. 苯甲酸标准系列溶液配制：分别用吸量管吸取 2.00、4.00、6.00、8.00、10.00

(mL) 苯甲酸标准溶液 (50.00μg/mL) 于五只 25mL 容量瓶，用流动相定容至刻度，浓度分别为 4.00、8.00、12.00、16.00、20.00 (μg/mL)。

山梨酸标准系列溶液配制：分别用吸量管吸取 1.00、2.00、3.00、4.00、5.00 (mL) 山梨酸标准溶液 (50.00μg/mL) 于五只 25mL 容量瓶，用流动相定容至刻度，浓度分别为 2.00、4.00、6.00、8.00、10.00 (μg/mL)。

3.样品处理

将约 100mL 可口可乐置于 250mL 洁净干燥的烧杯中，剧烈搅拌 30min 或用超声波脱气 5min，以赶尽可口可乐中的二氧化碳。将样品溶液分别进行干过滤（即用漏斗、干滤纸过滤），弃去前过滤液，取后面的过滤液。

吸取样品滤液 25.00mL 于 125mL 分液漏斗中，加入 1.0mL 饱和 NaCl 溶液，1mL 1mol/L NaOH 溶液，然后用 20mL 氯仿分三次萃取 (10mL、5mL、5mL)。将氯仿提取液分离后经过装有无水硫酸钠的小漏斗（在小漏斗的颈部放一团脱脂棉，上面铺一层无水硫酸钠）脱水，过滤于 25mL 容量瓶中，最后用少量氯仿多次洗涤无水硫酸钠小漏斗，将洗涤液合并至容量瓶中，定容至刻度。

取上述溶液若干毫升（通过实验确定）于 25mL 容量瓶，用流动相定容至刻度。取该溶液 20μL，重复两次，要求两次所得的苯甲酸、山梨酸色谱峰面积基本一致，否则继续进样，直至每次进样色谱峰面积基本一致。

4.绘制工作曲线

待液相色谱仪基线平直后，分别注入苯甲酸、山梨酸标准系列溶液 20μL，重复两次，要求两次所得的苯甲酸、山梨酸色谱峰面积基本一致，否则继续进样，直至每次进样色谱峰面积基本一致。

五、数据记录与处理

标准系列号	1	2	3	4	5	试样
苯甲酸的浓度/(μg/mL)	4.00	8.00	12.00	16.00	20.00	ρ_x
苯甲酸峰面积/mV·s						
山梨酸的浓度/(μg/mL)	2.00	4.00	6.00	8.00	10.00	ρ_x
山梨酸峰面积/mV·s						

绘制吸光度与苯甲酸质量（或浓度、体积）关系的工作曲线。绘制吸光度与山梨酸质量（或浓度、体积）关系的工作曲线。从工作曲线上查找并计算出试样中苯甲酸、山梨酸的含量。

六、注意事项

1.如果被测溶液含有气泡，对测定和仪器的使用均有影响，因此需要将被测溶液超声加热除去二氧化碳。

2.苯甲酸的灵敏波长为 230nm；山梨酸的灵敏波长为 252nm。

3.关机：清洗结束后，点击并将泵流量输入为 0，等压力降为 0 时，关掉泵电源，退出色谱工作站，再关闭仪器各部分电源及计算机。

4.注意在移液枪加完一种试剂之后，一定要记得换枪头。

七、思考题

1.配制好的流动相需要经过哪些操作才能用于高效液相色谱仪？

2.流动相使用前脱气的目的是什么？

任务五　认识离子色谱法（IC）

一、离子色谱（IC）基本原理

离子色谱是高效液相色谱（HPLC）的一种，其分离原理也是通过流动相和固定相之间的相互作用，使流动相中的不同组分在两相中重新分配，使各组分在分离柱中的滞留时间有所区别，从而达到分离的目的。

（一）分离原理

图 2-3 是双柱抑制型离子色谱仪工作流程，以分析待测阴离子 Br^-，洗脱液 NaOH 为例，简单说明双柱抑制型离子色谱法的分离机制及其作用。

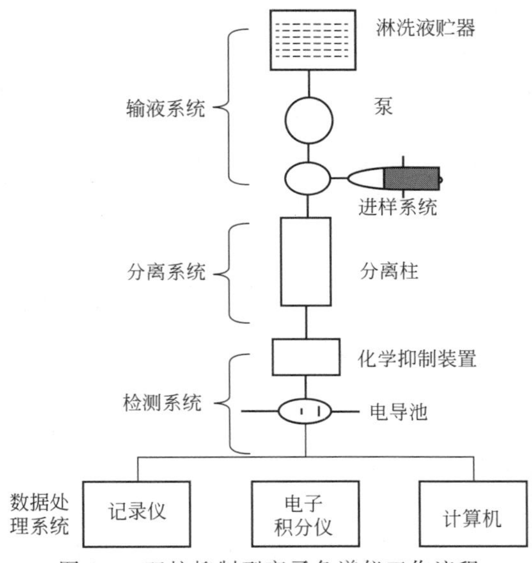

图 2-3　双柱抑制型离子色谱仪工作流程

在分离柱中，首先溶液中的 Br^- 与树脂上的 OH^- 离子交换，随后树脂固定下来的 Br^- 被洗脱液 NaOH 中的 OH^- 置换出来，反应如下：

交换：$R(树脂)—OH^- + NaBr = R—Br^- + NaOH$

洗脱：$R—Br^- + NaOH = R—OH^- + NaBr$

从分离柱中流出的液体含有 NaOH（OH^- 量大）和 NaBr（Br^- 量小），如果没有加装化学抑制器，洗脱液电导值信号（背景信号）远大于试样离子的电导值信号，电导检测器直接测定使用中的阴离子的灵敏度极差。在分离柱和电导池之间加了化学抑制器（$R—H^+$）后，会发生如下反应：

洗脱液：$R—H^+ + NaOH = R—Na^+ + H_2O$

试样中阴离子：$R—H^+ + NaBr = R—Na^+ + HBr$

由此可见，从抑制柱流出的洗脱液中，洗脱液（NaOH）已被转变成电导值很小的水，消除了水底电导的影响，则淋洗液中待测 Br^- 的电导突出出来，提高电导检测器的灵敏度。

（二）固定相和流动相的选择

离子色谱的固定相是离子交换剂，最常用的是乳胶薄壳型离子交换树脂小球，根据功能基可分为：强酸型（磺酸基团）、强碱型（季铵基）、弱酸型（羧酸）、弱碱型（伯、仲、叔胺）。

双柱抑制型离子色谱分离阳离子时，一般采用无机酸如 HCl、HNO_3 等；分离阴离子时，一般采用 NaOH、$NaHCO_3/Na_2CO_3$。单柱非抑制型离子色谱分离阳离子时，用低浓度的 HCl、HNO_3 等；分离阴离子时，可用苯甲酸及其盐、酒石酸、柠檬酸等。离子色谱法是分析无机阴离子的首选方法；还可用于分析无机阳离子，有机酸、碱、糖类、蛋白质等，是目前唯一能够获得快速、灵敏、准确和多组分分析效果的方法。

（三）离子色谱基本理论

离子色谱主要有三种分离方式：离子交换、离子排斥和反相离子对。这三种分离方式的柱填料树脂骨架基本上都是苯乙烯/二乙烯苯的共聚物，但是树脂的离子交换容量各不相同，以下就主要介绍离子交换色谱的分离机理。

1. 离子交换色谱分离机理

典型的离子交换剂由三个重要部分组成：不溶性的基质，它可以是有机的，也可以是无机的；固定的离子部位，它或者附着在基质上，或者就是基质的整体部分；与这些固定部位相结合的等量的带相反电荷离子。附着上去的基团常被称为官能团。结合上去的离子被称为对离子，当对离子与溶液中含有相同电荷的离子接触时，能够发生交换。正是后者这一性质，才给这些材料起了“离子交换剂”这个名字。

离子交换法的分离机理是离子交换，用于亲水性阴、阳离子的分离。阳离子分离柱使用薄壳型树脂，树脂基核为苯乙烯/二乙烯基苯的共聚物，核的表面是磺化层，磺酸基以共价键与树脂基核共聚物相连；阴离子分离柱使用的填料也是苯乙烯/二乙烯基苯的共聚物，核外是磺化层，它提供了一个与外界阴离子交换层以离子键结合的表面，磺化层外是流动均匀的单层季铵化阴离子胶乳微粒，这些胶乳微粒提供了树脂分离阴离子的能力，其分离机理基于流动相和固定相（树脂）阳离子位置之间的离子交换。

淋洗液中阴离子和样品中的阴离子争夺树脂上的交换位置，淋洗液中含有一定量的与树脂的离子电荷相反的平衡离子。在标准的阴离子色谱中，这种平衡离子是 CO_3^{2-} 和 HCO_3^-；在标准的阳离子色谱中，这种平衡离子是 H^+。离子交换进行的过程中，由于流动相可以连续地提供与固定相表面电荷相反的平衡离子，这种平衡离子与树脂以离子对的形式处于平衡状态，保持体系的离子电荷平衡。随着样品离子与连续离子（即淋洗离子）的交换，当样品离子与树脂上的离子成对时，样品离子由于库仑力的作用会有一个短暂的停留。不同的样品离子与树脂固定相电荷之间的库仑力（即亲和力）不同，因此，样品离子在分离柱中从上向下移动的速度也不同。样品阴离子 A^- 与树脂的离子交换平衡可以用下式表示：

$$\text{阴离子交换}\quad A^- + R{-}NR_4^+OH^- \rightleftharpoons R{-}NR_4^+A^- + OH^-$$

阳离子交换树脂上具有与阳离子交换的基团，如$-SO_3^-H^+$，其中 SO_3^- 和有机聚合物牢固结合形成固定部分，而 H^+ 是可流动的，能为其它阳离子所交换，对于样品中的阳离子，树脂交换平衡如下（H^+ 为淋洗离子）：

$$\text{阳离子交换}\quad M^+ + R{-}SO_3^-H^+ \rightleftharpoons R{-}SO_3^-M^+ + H^+$$

2. 影响因素

（1）离子价态　样品离子的价数越高，对离子交换树脂的亲和力越大。因此，在一般的情况下，保留时间随离子电荷数的增加而增加。也就是说，淋洗三价离子需要采用高离子强度的淋洗液，二价离子可以用较低浓度的淋洗液，而低于一价离子，所需淋洗液浓度更低。

（2）离子半径 电荷数相同的离子，离子半径越大，对离子交换树脂的亲和力越大，即随着离子半径的增加，保留时间延长。例如，卤素离子的洗脱顺序依次是 F^-、Cl^-、Br^-、I^-；碱金属离子的洗脱顺序是 Li^+、Na^+、K^+、Rb^+、Cs^+。

（3）淋洗液的 pH 值 淋洗液的 pH 值影响多价离子的分配平衡，例如，随着淋洗液 pH 值的增加，PO_4^{3-} 从一价变为二价或三价。因此，pH 值较低时，它在 NO_3^- 之后，SO_4^{2-} 之前洗脱，pH＞11 时，在 SO_4^{2-} 之后洗脱。

（4）树脂的种类 离子交换树脂的粒度、交联度、功能基性质及亲水性等因素对分离的选择性也起很大作用。

二、离子色谱仪的结构

离子色谱仪一般由四部分组成，即输液系统、分离系统、检测系统和数据处理系统。检测系统（如果是电导检测器）由抑制柱和电导检测器组成。

（一）输液系统

输液系统由淋洗液槽、输液泵、进样阀等组成；流路中为高压力工作状态，通常使用耐高压的六通阀进样装置。

（二）分离系统

分离系统主要是指色谱柱，离子交换色谱柱的填料是阴、阳离子交换树脂，是在有机高聚物或硅胶上接枝有机季铵或磺酸基团。在离子色谱中应用最广的柱填料是由苯乙烯-二乙烯基苯共聚物制得的离子交换树脂。这类树脂的基球是用一定比例的苯乙烯和二乙烯基苯在过氧化苯酰等引发剂存在下，通过悬浮物聚合制成共聚物小珠粒。其中二乙烯基苯是交联剂，共聚物称为体型高分子。

（三）检测系统

离子色谱的检测器主要有两种：一种是电化学检测器，一种是光化学检测器。电化学检测器包括电导、直流安培、脉冲安培和积分安培；光化学检测器包括紫外-可见和荧光。

1. 电导检测器作用原理

电导检测器是离子色谱中使用最广泛的检测器。其作用原理是，用两个相对电极测量溶液中离子型溶质的电导，由电导的变化测定淋洗液中溶质的浓度，主要分为抑制型和非抑制型（也称为单柱型）两种。抑制器能够显著提高电导检测器的灵敏度和选择性，其发展经历了四个阶段，从最早的树脂填充的抑制器到纤维膜抑制器，平板微膜抑制器和先进的只加水的高抑制容量的电解和微膜结合的自动连续工作的抑制器。

电导检测器的电导池结构如图 2-4 所示。电导池体一般采用材质较硬的工程塑料如 PEEK 等，电极通常为 316 不锈钢并固定在电导池内。另外，电导池上通常有一个温度传感器，用于探测液体流出电导池时的温度和补偿由于温度改变而导致的电导变化。改变两电极之间的距离可以调整池的常数，对检测的灵敏度有很大的影响。通常电极间的距离越小，死体积越小，灵敏度越高。目前先进的商品电导池的池体积为 0.5～1μL 左右。

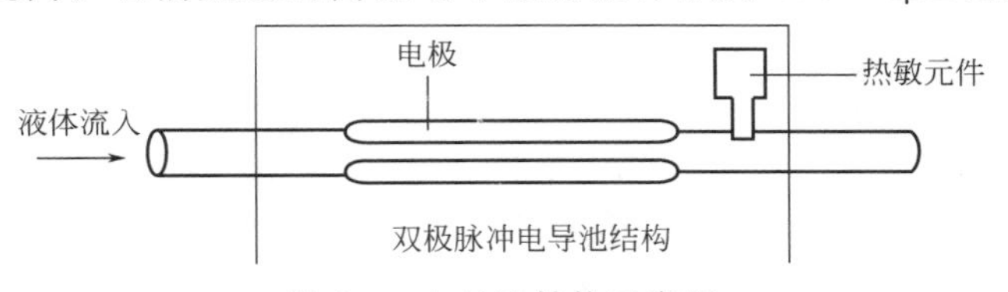

图 2-4 电导池结构示意图

测量电导过程中的物理化学原理如图 2-5 所示。

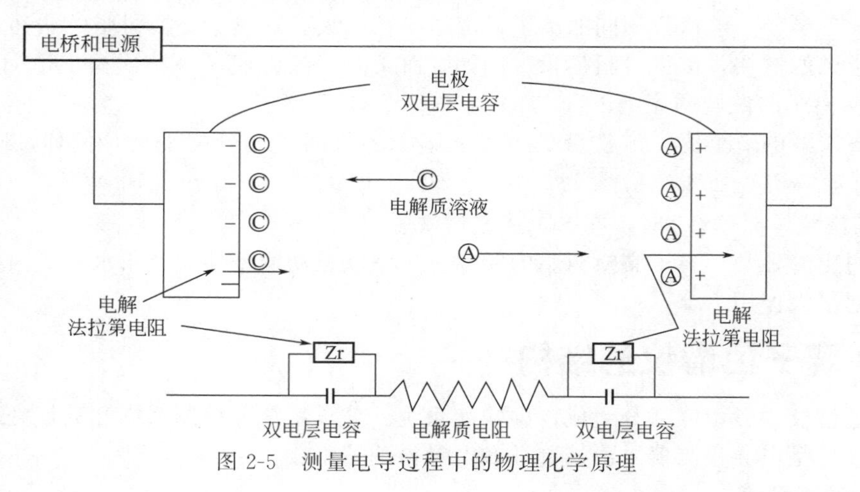

图 2-5　测量电导过程中的物理化学原理

当电场施加于两电极时，溶液中阴离子趋向阳极，阳离子趋向阴极。溶液中离子数目和迁移速度的大小决定溶液的电导值。离子的相对迁移率，由其极限当量电导值决定。离子在电场作用下的运动速度，除受离子电荷和离子的大小等因素影响外，还与温度、介质的性质及施加电压的大小有关。两电极之间可以施加直流电压，但通常是施加正弦波或方波型交流电压。当施加的有效电压确定后，测量出电路中的电流值，即能测出电导值。然而，如图 2-5 所示，由于电极表面附近形成的双电层极化电容（或称法拉第交流阻抗）的影响，会引起有效电压的改变，因而电路施加于两极的电压不等于有效电压。双电层形成机理的解释如下：当电极两端的电压低于离子的分解电压时，电极附近的溶液层将吸引反电荷的离子形成一双电层，此双电层由两部分组成：①内壁薄层，在此层内离子浓度随电极距离的增加而减少呈现线性关系；②扩散层，在此层内离子浓度随电极距离的增加而减小呈指数关系。双电层的存在，亦会产生电压降，实际上施加电压为有效电压（由溶液电阻产生的电压降）和双电层电压降的总和。

为了消除电极表面附近形成的双电层极化电容对有效电压的影响，电导池的设计多采用双极脉冲技术。该技术是通过在持续很短的时间内（约 100μs），连续施加两个脉冲高度和持续时间相同而极性相反的脉冲电压于电导池上，并采用测量第二个脉冲终点时的电流，此点的电导池电流遵从欧姆定律，不受双层极化电容的影响，可以准确测量池电阻。

将电解质溶液置于施加电场的两个电极间，则溶液将导电，此时溶液中的阴离子移向阳极，阳离子移向阴极。并遵从以下关系：

$$\kappa=\frac{1}{1000}\cdot\frac{A}{L}\cdot\sum c_i\lambda_i \tag{2-1}$$

式中，κ 为电导率，是电阻率的倒数（$\kappa=1/R$）；A 为电极截面积；L 是两电极间的距离；c_i 是离子浓度，以 mol/L 为单位；λ_i 为离子的极限摩尔电导（指溶液无限稀释后离子的电导）。

在测量中，对一给定电导池电极截面积 A 和两极间的距离 L 是固定的，L/A 称为电导池常数 K，则电导值 κ 等于：

$$\kappa=\frac{1}{1000}\cdot K\cdot\sum c_i\lambda_i \tag{2-2}$$

当知道 λ_i° 后，就可以计算溶液中所含离子的电导值。例如，25℃时，NaCl 的当量电导

值是 Na^{+} 和 Cl^{-} 的当量电导值（50.1μS/cm，76.4μS/cm）之和（126.5μS/cm），因此，0.1mmol/L NaCl 溶液的电导值＝0.1×126.5＝12.65（μS/cm）。由此可知 0.1mmol/L NaCl 和 0.1mmol/L Na_2SO_4 溶液的电导值如下：

离子数		电荷数		浓度		λ_i^o		μS/cm	
3	×	1	×	0.1	×	50.1	＝	15.0	（Na^{+}）
1	×	1	×	0.1	×	76.4	＝	7.6	（Cl^{-}）
1	×	2	×	0.1	×	80.0	＝	16.0	（SO_4^{2-}）

我们仅讨论稀释溶液。因为随着溶液浓度的增加，电导和浓度之间的比例关系将消失。不过在离子色谱正常的分析浓度范围内（＜1mmol/L），电导与浓度仍成正比关系。例如，25℃时，KCl 的当量电导为 149.9μS/cm，在浓度为 1mmol/L 时为 146.9μS/cm，仅减少 2%。然而淋洗液样品的电导不被假定与浓度成比例，因为流动相的离子成分被包含在淋洗体积当中。如果电解液是部分电离的弱酸和弱碱，那么 c_i 将被已电离部分的浓度所取代，pK 和 pH 将被用来计算电离程度。

2. 影响电导测定的几个因素

（1）浓度　溶液的电导与溶液中溶质的浓度成线性关系。同时这种线性关系也受溶液中离子的离解度、离子的迁移率和溶液中离子对的形成等因素的影响。

对弱电解质溶液，影响检测器线性的主要因素是离解度或离子化程度。离解度代表了总溶质中能够传递电流的部分，它由溶质的浓度和溶剂的性质所决定。弱电解质在溶液中不能完全电离，因此总有某些分子以非离子化的形式存在着。非离子化的分子是不能传递电流的，因此，测量的离子浓度会小于溶液中该组分的总浓度。对大多数离子来说，若线性范围能够达到 mg/L 或 μg/L 级，离解基本上被认为是完全的。

对强电解质来说，溶液中它们是完全离解的，影响检测器线性的主要因素是离子的淌度（迁移率）。离子淌度的定义是：在一个电场中，电位改变 1V/cm 时离子的迁移速度。影响离子迁移的因素是每一离子周围形成的溶剂化电荷球对离子运动产生的阻滞力。

在溶液中，离子被带相反电荷的溶剂化电荷球所包围着。在外加电位的影响下，离子和它的溶剂化电荷球向相反的方向移动，减小了离子的迁移速度。离子本身性质的不同对其迁移率的影响也很大。具有较大水合半径的离子，其活性较差，电导值较低；而具有较小水合半径的离子，其活性大，淌度较高，因此其电导值较高。

（2）温度　离子的流动性和电导受温度的影响很大。温度每升高 1℃时，水溶液的电导将增加 2%。因此，流动相的温度应该尽可能保持稳定。另外，可以将所测量的电导值修正至 25℃时的测量值。

现在的电导检测器都设计有能消除温度影响的功能。例如 Dionex 公司的电导检测器中，其电导池中设计有能对电导池流出液体的温度进行连续自动测量的热敏元件，通过在检测器中设定一个以 25℃时为基准的温度补偿系数进行归一化处理，来消除温度变化对测量结果的影响。

3. 电导检测器的常见故障以及处理方法

（1）电导池的清洗　电导检测器常见的故障是检测池被污染。污染物主要来源于没有经过前处理的样品，如浓度过高、复杂的样品基体等。检测池被污染后可使检测器的基线噪声变大，灵敏度下降。当确认是检测池受到污染时，可以采用下列方法清洗，使其恢复原来的性能。具体步骤如下：

① 配制少许 3mol/L HNO_3 溶液；

② 在电导池的入口处连接一个可接驳注射器的接头；

③ 用一个 10mL 的注射器向电导池内推注约 20mL 3mol/L HNO_3 溶液；

④ 用去离子水冲洗电导池至 pH 达中性。

注意：清洗时应当将电导池的出口处直接连接至废液，严禁强酸进入抑制器。

（2）电导池的校正　电导池清洗后一般需重新校正。在正常使用的情况下，电导池应每年校正一次。校正的方法如下：

① 将分析泵的出口管路直接连接到电导池的路口。

② 以 8.0mL/min 的流速泵入 0.001mol/L KCl 校正溶液，2min 后将流速降至分析时的正常流速。最大不要超过 2mL/min。

③ 此时电导值显示为 147μS，如果不是，调节检测器上的校正螺丝至 147μS。

④ 用去离子水以 8mL/min 的流速冲洗电导池 2min，停泵，将系统管路恢复至正常状态。

4. 抑制器的工作原理

电导检测器是离子色谱最通用的检测器，但本身存在着一个问题，即对淋洗液有很高的检测信号，这就使它难以识别淋洗时样品离子所产生的信号。为了降低淋洗液的背景电导，就需要用到抑制器，抑制器就是在这种情况下产生及发展起来的。

抑制器主要起两个作用，一是降低淋洗液的背景电导，二是增加被测离子的电导值，改善信噪比。图 2-6 说明了离子色谱中化学抑制器的作用。

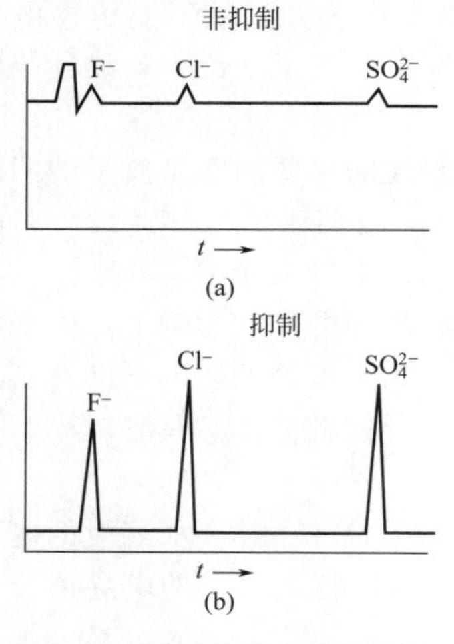

图 2-6　抑制柱反应的效果图

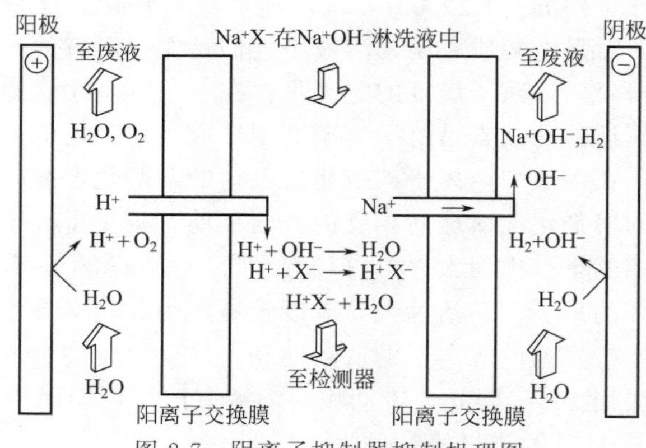

图 2-7　阴离子抑制器抑制机理图

图 2-6 中的样品为阴离子的混合液，淋洗液为 NaOH。若样品经分离柱直接进入检测器，则得到上部的色谱图。图中非常高的背景电导来自于淋洗液 NaOH，被测离子的峰很小，即信噪比不好。而当洗脱液通过抑制器之后再进入检测器，则得到下部的色谱图。在抑制器中，OH^- 和 H^+ 结合成水，样品离子在很低的电导下进入电导池，这样淋洗液的背景电导就变成水的电导，从而降低了背景电导，改善了信噪比。

为了提高离子交换的速度，提高抑制容量和缩短平衡时间，现在的抑制器为电化学抑制柱，采用电场力为离子迁移的动力，采用电解水的方法来提供再生液。图 2-7 为阴离子抑制器使用 NaOH 为流动相时的抑制机理图。

所分析的离子与 Na^+ 结成离子对，从分离柱洗脱，两层离子交换膜底部都有电极，其极性与流动相相反，水被电解成 OH^- 和 H^+ 后，H^+ 穿过离子交换膜，与流动相中的 OH^- 中和成水；同时 Na^+ 穿过另一离子交换膜，与阳极提供的 OH^- 结成离子对。因此，流动相中的 NaOH 将穿过离子交换膜，而不会到达检测器。因此，流动相的背景电导几乎为零（大大低于抑制以前），并且所分析的离子与 H^+ 结成离子对后，其电导比 Na^+ 离子高 7 倍，所以其相应值提高。这种抑制作用也可以通过在离子交换膜的另一侧加入稀 H_2SO_4（再生液）而达到。

对于阳离子检测而言，其抑制器中是阴离子交换膜，只允许阴离子穿行。流动相中经常使用甲烷磺酸，在抑制器中，甲烷磺酸离子对被电解水产生的 OH^- 所取代，它可以中和酸性流动相，以便为分析离子提供低的背景电导。

三、离子色谱的定性与定量分析

（一）定性分析

离子色谱的定性是将检测器输出的信号，经过放大，用记录仪或积分仪以峰的形式记录出来。确定色谱峰所代表的离子对组分时，要根据其保留时间进行判断。这种定性方法必须依靠与自己已知成分和浓度的标准物对照，如果标准与样品显示出相同的保留行为，说明样品组分与标准物相同。

（二）定量分析

在一定条件下，色谱峰高或峰面积与离子浓度成正比，这是离子色谱分析的定量依据。

1. 标准曲线法

如同 HPLC 一样，离子色谱首先用标准溶液制成高于仪器检测限的标准系列。在给定的色谱条件下，依次作出标准系列的响应值，并以浓度为横坐标、响应值为纵坐标在坐标纸上作出标准曲线。在正常情况下，标准曲线的线性范围内，可找出对应的含量。在大量的例行分析中，可用单点标准法求得未知溶液的含量：

$$\text{未知样品浓度}=\frac{\text{未知样品的响应值}}{\text{标准物响应值}}\times\text{标准物浓度}$$

2. 标准加入法

标准加入法用于存在基体干扰的样品测定。该方法是在至少三份具有相同体积的试样中，分别加入不同量的待测元素的标准溶液（其中有一份不加标准溶液），稀释到相同的体积后进样，分别测量其峰或峰面积。如图 2-8 所示，以浓度为横坐标、响应值为纵坐标作出一条直线，直线向左延长至与横坐标相交，交点与坐标原点的距离即为试样中离子的浓度。

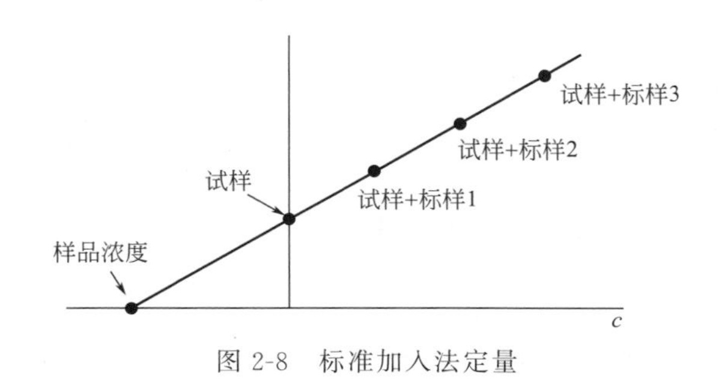

图 2-8 标准加入法定量

四、色谱参数（条件）的优化

1. 改善分离度

（1）稀释样品　对组成复杂的样品，若待测离子对树脂亲和力相差颇大，就要几次进样，并用不同浓度或强度的淋洗液或梯度淋洗。若待测离子之间的浓度相差较大，而且是对固定相亲和力差异较大的离子，增加分离度最简单的方法是稀释样品或样品前处理。

（2）样品的前处理　对高浓度基体中衡量离子的测定，例如海水中阴离子的测定，最好的方法是对样品做前处理。除去过量的 Cl^- 的前处理方法有：使样品通过 Ag^+ 型前处理柱除去 Cl^-，或进样前加入 $AgNO_3$ 到样品中沉淀 Cl^-。

2. 纯水电导

为了提高检测灵敏度，要求流动相的电导被很好地抑制下来。假设流动相的电导被很好抑制，那么剩下的电导是由配制流动相的纯水及反应生成的水两者所产生的。为了使检测器检测到很低的背景电导，那么所用纯水应具有较低的电导值。

技能训练六　离子色谱法测定土壤中氟离子的含量

一、任务描述

土壤中的氟对人体有危害，与人体的健康密不可分，土壤中的氟会以各种形态进行交换，被植物吸收，或者进入动物的体内，对许多生物具有明显的毒性，氟不能生物降解，会在生物体内富集，即使是低含量也会对人体造成伤害，所以不管是地质调查还是环境调查，对土壤中氟离子的测定尤为重要。氟离子的测定方法主要有离子选择电极法、离子色谱法。

二、实训目的

1. 掌握抑制型电导检测离子色谱仪的结构和工作原理，学会仪器的正确使用方法。
2. 了解样品的前处理方法。
3. 采用外标法对土壤中氟离子的含量进行定量分析。

三、方法原理

用淋洗液或直接用去离子水提取土壤样品中的氟离子（F^-），用水稀释到合适的浓度，经净化后，采用阴离子色谱柱和电导检测器分离检测，外标法定量。

四、仪器、试剂和实验用品

1. 仪器

仪器型号：瑞士万通 IC-761 型离子色谱仪。

色谱柱：Metrosep A Supp 4250 型阴离子分析柱（250mm×4.0mm），Metrosep A Supp 4/5 Guard 保护柱（50mm×4mm）。

2. 分析条件

流动相为 1.8mmol/L 碳酸钠＋1.7mmol/L 碳酸氢钠淋洗液，50mmol/L 硫酸抑制器再生液，进样体积为 20μL，流速为 1.0mL/min。

3. 试剂

氟化钠（优级）、碳酸钠、碳酸氢钠及浓硫酸，甲醇（色谱纯），去离子水，溶液均用电阻率大于 18MΩ 超纯水配制。所有试剂均为分析纯或优级纯。

4. 实验用品

土壤：过 40 目（0.38mm）筛的土壤粉末样品；离子色谱用固相萃取柱（IC-RP 小柱），针孔式滤膜（水膜），5mL 注射器，0.5mL、1mL、5mL 移液管，150mL 三角瓶，滤纸，聚乙烯瓶，漏斗，10mL 具塞刻度试管，100mL 容量瓶等。

五、操作步骤

1. 样品处理

用电子分析天平称取土壤样品 2g（精确到 0.0001g）于 150mL 聚乙烯瓶中，加入 100mL 去离子水（或淋洗液），塞紧瓶塞，振荡器上振荡 10min，振荡后，再超声 25min，静止 30min 后过滤或离心，取 8mL 滤液（或上清液）用 0.45μm 的滤膜过滤，备用。

再将上述处理的滤液经过固相萃取柱（IC-RP 小柱）处理，以除去少量水溶性腐植酸和蛋白质及其它有机物，减少干扰组分，并保护分离柱，延长其使用寿命。

在使用 IC-RP 小柱前，需按以下步骤对其进行活化后方可处理样品：

（1）用 5mL 甲醇活化 RP 小柱，推动速度每分钟不超过 3mL。

（2）用 10mL 去离子水冲洗 RP 小柱，推动速度每分钟不超过 3mL。

（3）将小柱放置 20min。

（4）将 8mL 上述处理的样品滤液缓慢推入小柱，推动速度每分钟不超过 3mL，弃去前 2mL；收集 5mL 经 IC-RP 预处理后的样品直接上机进样（如果样品浓度过高可稀释，样品浓度应在标准曲线范围内）。

2. 标液的配制

（1）氟离子标准贮备液（1000μg/mL）　精密称取氟化钠 0.221g，用去离子水定容 100mL，摇匀，备用。

（2）氟离子标准工作液（10μg/mL）　准确吸取 1000μg/mL 的氟离子标准贮备液 1mL，用去离子水稀释定容 100mL，备用。

（3）标准曲线配制　取浓度为 10μg/mL 的氟离子标准工作液，分别配制浓度为 2.0μg/mL、4.0μg/mL、6.0μg/mL、8.0μg/mL、10.0μg/mL 的标液，过 0.45μm 的微孔滤膜。准备作标准曲线。也可同学自己设计标准系列浓度，标准溶液点数不少于 5 个，最高浓度不超过 10μg/mL。

3. 上机操作

开机前首先检查一下是否有淋洗液、再生液和冲洗液。接通电源，启动计算机，打开 IC-761 型离子色谱仪的主机及相关配置的电源，双击电脑桌面上的离子色谱仪 IC 软件图标，在窗口内依次点击“文件”→“打开”→“系统”，出现选择系统的窗口，选定“阴离子进样”系统，打开这个系统。出现选定系统的画面。依次点击画面上的“控制”→“连接到工作平台”，则左下角出现：on-line 761 compact IC，则证明计算机与 761 型离子色谱仪的主机已连接上。按照实验要求编辑程序、方法和样品表，设置色谱条件。

在系统的画面上点击“控制”→“启动硬件（测量基线）”→在测量基线过程中必须 20min 切换一次抑制器，即点击程序条件设定窗口的“切换”。将待测的标液及样品溶液分别按顺序放于自动进样器上，将自动进样器电源打开，按“start”键，灯开始闪烁，等待进样。色谱图基线平稳后（至少 30min 以上）→点击工具栏中的“method”→“passport”→在 passport 窗口设置色谱运行的详细信息（包括样品标识、分离柱、洗脱液及有关色谱图日期时间等信息，这些信息将显示在结果报告上）。建立方法，在程序条件设定窗口设置相应的流速→“文件”→“保存方法”，点击系统画面上的“控制”→“开始测定”→输入样品信息，记录色谱图→依上述方法逐一测定标液及样品溶液→样品分析结束，色谱图自动保存。

六、数据处理

打开标液及样品的色谱图，如果积分结果满意，对分析结果进行单点校正或多点校正，建立标准曲线。根据标液保留时间可对样品进行定性分析；根据标准曲线，可对样品进行定量分析。打开任一标准谱图，可查看标准曲线。样品已根据这个校准曲线定量。打开样品色谱图点击“制作报告”，打印出来即可得结果报告，最后得到的是样品中氟离子浓度（μg/mL）。

七、结果计算

计算试样土壤中氟离子含量的公式：

$$\text{试样土壤中氟离子的含量（mg/kg）} = cVf/m$$

式中 c——试样中氟离子的浓度，μg/mL；

m——试样的称样量，g；

f——试样溶液的稀释倍数；

V——试样的定容体积，mL；

八、注意事项

（1）开机前要检查是否有淋洗液。

（2）运行前首先应进行排气。

（3）所有淋洗液、再生液及样品上机液均应用 0.45μm 的滤膜过滤。

（4）未知样品溶液浓度应先稀释再上机，浓度最好在 0.5～50μg/mL。

（5）分析结束后，要用流动相冲洗流路及色谱柱 30min 以上，将流路及残留在色谱柱中的样品冲洗干净，然后再关机。

（6）淋洗液和再生液应定期更换；如果离子色谱长期（>1 周）不用，应当将分离柱卸下，用甲醇：水＝1：4 溶液冲洗管路。

任务六 认识薄层色谱法

薄层色谱法（TLC），又称平面色谱法。在化学和生物化学中是一种非常实用的方法，其分离原理和两相性质是相同的。薄层色谱法具有价格低廉、灵敏度高、操作简单、易自动化的特点。因这种方法可以同时进行多个分离操作，因此这种方法变得非常重要。

一、薄层色谱原理

薄层色谱法是把固定相（活性吸附剂或键合相）均匀地铺在一块光洁平整的玻璃板或塑料板上，形成均匀薄层，薄层厚度通常是 100～200μm，然后将标准化合物与未知化合物在薄层板上以流动相同时展开，样品中的组分不断地被吸附剂（固定相）吸附，又被流动相溶解解吸而向前移动。由于吸附剂对不同组分有不同的吸附能力，流动相有不同的解吸能力，因此不同组分移动的距离不同，物质因而得到分离，且可以根据已知化合物的 R_f 值对组分进行定性。

1. 固定相

选择一个好的固定相，需要考虑的因素很多。粒径、颗粒的比表面积、孔容、粒径分布等都是影响固定相性质的因素。对于纳米薄层色谱而言，固定相的粒径是 4μm，孔径是 6nm。

硅烷醇与硅氧烷之间的比例决定了固定相亲水性强弱。TLC 可以使用键合硅胶，各种官能团通过共价键与其表面上硅烷醇基团结合。一些固定相含有烷基链，另一些固定相含有有机官能团。

薄层色谱中常用的固定相有氧化铝和硅胶。硅胶可分为“硅胶 G”“硅胶 H”，一般不含胶黏剂，使用时必须加入适量的胶黏剂，如羧酸甲基纤维素钠，简称 CMC。硅胶 GF254 与硅胶相似。氧化铝也可分为“氧化铝 G”和“色谱用氧化铝”。

2. 流动相

流动相，即展开剂。展开剂的选择要根据被分离组分的极性、吸附剂的活性和展开剂的极性三者的相对关系进行，是薄层色谱的关键因素之一。可供选择的展开剂种类很多，主要为一些低沸点的有机溶剂，而且除单一溶剂之外，还可配成各种比例的混合溶剂。选择展开剂的要求是能最大限度地将样品组分分离。

展开剂最好选用单一溶剂，或者可用简单的混合溶剂。单一溶剂的极性次序是：石油醚＜环己烷＜二硫化碳＜四氯化碳＜苯＜甲苯＜二氯甲烷＜氯仿＜乙醚＜乙酸乙酯＜丙酮＜乙醇＜甲醇＜吡啶＜酸。被分离物质的极性、固定相的吸附活性和展开剂的极性既相互关联，又相互制约，只有处理好这三者之间的关系，才能使样品组分得到很好的分离效果。

二、薄层色谱操作

采用薄层色谱法分离物质可分两步进行。

1. 点样

在合适薄层板一端约 2.5cm 处画一条线，作为起点线，在离顶端 1～1.5cm 处画一条线作为溶剂到达的前沿。将少量体积的样品溶解在挥发性溶剂中，在起点线处点样，点样原点直径控制在 1～2mm 以内。可用一端平整的毛细管采用手动点样（图 2-9），也可采用自动喷涂技术将样品喷涂成几毫米高的水平带。后者的优点是重现性好，是进行定量分析不可或缺的方法。然后将点样的薄层板放入有适量展开剂的玻璃缸中盖上盖子进行展开（图 2-10），点样的位置必须高于展开剂。

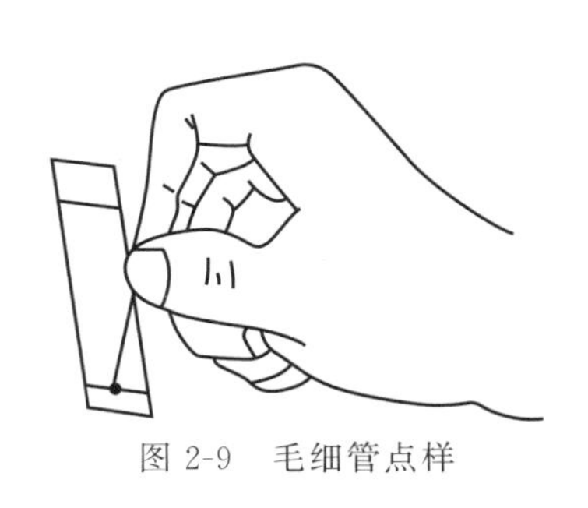

图 2-9　毛细管点样

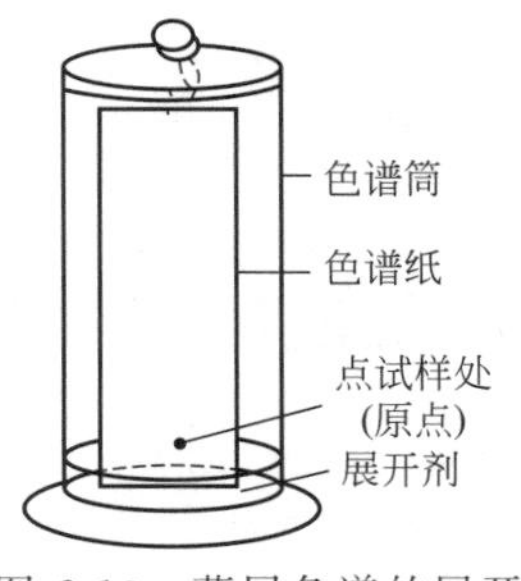

图 2-10　薄层色谱的展开

2. 显色识别

展开完毕，取出薄层板。如果化合物本身有颜色，就可直接观察它的斑点。如果本身无色，可先在紫外线下观察有无荧光斑点，并画出斑点的位置。也可在溶剂蒸发前用显色剂喷雾显色。不同类型的化合物需选用不同的显色剂。表 2-1 列出了一些常用的显色剂。

表 2-1 常用显色剂

显色剂	配制方法	能被检出对象
浓硫酸	98%硫酸	大多数有机化合物在加热后可显出黑色斑点
碘蒸气	将薄层板放入缸内被碘蒸气饱和数分钟	很多有机化合物显黄棕色
碘的氯仿溶液	0.5%碘的氯仿溶液	很多有机化合物显黄棕色
磷钼酸乙醇溶液	5%磷钼酸乙醇溶液，喷后于 120℃烘干，还原性物质显蓝色，氨熏，背景变为无色	还原性物质显蓝色
铁氰化钾-氯化铁药品	1%铁氰化钾，2%氯化铁，使用前等量混合	还原性物质显蓝色，再喷 2mol/mL 盐酸，蓝色加深，检验酚、胺、还原性物质
四氯邻苯二甲酸酐	2%溶液，溶剂：丙酮-氯仿＝10：1	芳烃
硝酸铈铵	含 6%硝酸铈铵的 2mol/mL 硝酸溶液	薄层板在 105℃烘 5min 之后，喷显色剂，多元醇在黄色底色上有棕黄色斑点
香兰素-硫酸	3g 香兰素溶于 100mL 乙醇中，再加入 0.5mL 浓硫酸	高级醇及酮呈绿色
茚三酮	0.3g 茚三酮溶于 100mL 乙醇，喷后，110℃热至斑点出现	氨基酸、胺、氨基糖

三、薄层色谱的特性

TLC 应用的物理化学现象比 HPLC 更加复杂。

◆ TLC 相当于建立一个固相、液相和气相三相之间的平衡系统。

◆ 在化合物发生迁移前固定相和流动相只是部分达到平衡。根据分离方式，流动相可以与气相达到平衡或不平衡。

一旦吸附点被大量占用，固定相的吸附作用会大大降低。这会导致斑点拖尾。其结果是，纯化合物 R_f（比移值）与混合物中存在的同一种化合物的 R_f 略有不同。

◆ 不能为了提高分离效率而改变流动相的流速。对此问题的补救办法是采用多级展开技术，即在每次展开前对薄层板进行干燥。

◆ 溶剂前沿的迁移速度不是恒定的。两个斑点之间的分辨率很大程度上取决于两个化合物的 R_f 值。一般 R_f 值在 0.3 左右分辨率达到最大。

综上所述，TLC 板的分离效率 N 可变化性大。其理论塔板高度与 HPLC 一样有一个最大优值。

四、定性与定量的方法

1. 定性方法

薄层色谱定性方法是通过测量待测组分的 R_f 值，并进行分析，R_f 与样品相对于溶剂移动距离有关，其值位于 0～1 之间。

$$R_f=\frac{\text{溶质移动的距离}}{\text{溶剂前沿移动的距离}}=\frac{x}{x_0} \tag{2-3}$$

测定 R_f 时要严格控制实验操作条件，每次测定时均要使吸附剂的含水量、板的厚度、点样量、展开剂的极性、展开距离、展开时间、展开时的温度、色谱缸中溶剂蒸气的饱和度达到一致。

根据文献记载 R_f 值定性时，只有控制待测组分的实验条件与文献上的实验条件完全一致，才能对照定性，但要完全做到这一点很难，因而所测 R_f 值存在差异，因此常采用标准物质对照法定性。这种方法是将待测物质与标准物质在同一薄层上点样，于同一条件下展开、显色、分别测得它们的 R_f 值，再求得相对比移值 R_m 进行定性。

$$R_m = \frac{\text{化合物的 } R_f \text{ 值}}{\text{参照标准物的 } R_f \text{ 值}} \tag{2-4}$$

在条件许可的情况下，以待测组分的纯物质作为对照是较准确的，即纯品对照法，如果 R_f 值基本相同，则表示是同一物质。

2. 定量方法

对同一物质，将两个相同体积和浓度的同一溶液在同一薄层板上点样，在同一条件下展开、显色，则所得两个斑点的面积和颜色应相同，因此可按这种方法来对未知组分进行目视比较定量。

比如，取标准物配制系列浓度的标样，将样品溶液与标样在同一薄层板上点样，点样体积相同，展开，显色后用目视的方法比较样品斑点和标样斑点面积大小和颜色深浅，取与标样最接近的斑点，按标准物质的含量进行定量计算，误差为±10%。

此外，随着近代仪器的发展，光密度计法及薄层色谱扫描仪法已成为薄层色谱定量的主要方法，具有简单、快速、准确的优点。

五、应用

薄层色谱法广泛应用于各种天然和合成有机物的分离与鉴定，有时也用于少量物质的提纯与精制。在药品质量控制中，可用来测定药物的纯度和检查降解产物。在药品生产中，可用来判断合成反应进行的程度，监控反应历程。在中草药有效成分的分析中，可用来分离和测定有效成分的含量。

1. 药品纯度检验

例如盐酸氯丙嗪中有关物质检查。盐酸氯丙嗪在生产过程中容易产生有关吩噻嗪的其它取代物。为了保证原料药的纯度，中国药典规定了用薄层色谱法检查其中的“有关物质”的项目，并以高低浓度对比法来控制有关杂质含量不得超过盐酸氯丙嗪的1%。

2. 天然药物成分的分离提纯

例如洋金花注射剂中有效成分的提纯。麻药洋金花注射剂中，起麻醉作用的有效成分是东莨菪碱，但不同批号效果不稳定。经薄层鉴定，发现只含一个斑点的效果好，若有两个斑点，说明还有莨菪碱存在，副作用大，效果也减弱。以薄层色谱法探索得到了莨菪碱的最佳提取分离条件，即用氨水碱化，以氯仿提取四次为好。

3. 氨基酸的薄层色谱

氨基酸的种类很多，利用它们在水相（固定相）和有机相（流动相）之间分配系数不同，经不断分配而达到分离目的。

4. 合成有机物的分离

例如萘酚异构体的分离。

技能训练七　校园植物中叶绿素的提取与分离

一、任务描述

叶绿素的提取　称取4g新鲜植物叶，剪碎后放于研钵中研磨，向研钵中加入20mL石油醚-乙醇（1∶1）的混合溶剂，轻轻研磨至溶液变色。用滴管小心将上层溶剂层转移至分液漏斗中，加入等体积的水萃取分离两次，弃去下层水层，将有机溶剂层移至干燥的小锥形瓶中，加入少量无水硫酸镁干燥备用。

薄层色谱法实验　用毛细点样管吸取适量提取液进行点样，点样斑点直径不得超过2mm，以丙酮∶石油醚＝1∶2为展开剂，展开、取出、晾干，仔细测量每个斑点中心与起点线的距离，计算每个斑点的 R_f 值。

二、方法原理

（1）植物叶片色谱分析　植物叶片中含有多种天然色素，其中主要为叶绿素和类胡萝卜素，一些深色植物中还含有一定量的花青素，植物叶片的颜色取决于上述色素的组成及含量。叶绿素是植物光合作用过程中最重要的一类色素，高等植物叶绿体中主要有叶绿素 a、叶绿素 b，通常绿色植物中叶绿素 a 的含量是叶绿素 b 的三倍，叶绿素 a 呈蓝绿色，叶绿素 b 呈黄绿色。类胡萝卜素的功能为吸收和传递光能，并保护叶绿素，主要包括胡萝卜素和叶黄素两种色素，胡萝卜素呈橙黄色，叶黄素呈黄色。花青素是自然界中一类广泛存在的水溶性天然色素，属类黄酮化合物，可以随着细胞液的酸碱性改变颜色。细胞液呈酸性则偏红，细胞液呈碱性则偏蓝，是构成花瓣和果实颜色的主要色素之一，彩叶植物叶片中同样富含花青素。由于花青素为水溶性色素，因此在用有机溶剂提取叶绿素时能够方便地进行分离。

（2）薄层色谱法　是将固定相均匀涂在表面光滑的玻璃板上形成薄层，进行分离并分析的色谱分析方法。该法属于平面色谱，即以平面为载体，组分在固定相与流动相之间完成一系列的吸附平衡或分配平衡后得以分离。

（3）鉴别分析　取提取液在薄层板上点样、展开，以菠菜叶作为实验中的参比样品，观察各色素斑点位置，通过薄层色谱分离操作初步认识各种校园植物的色素组成，更好地理解植物色素的本质。

三、操作步骤

（1）薄层板的制备　称取 2g 硅胶于小烧杯中，加入 5mL 0.5%羧甲基纤维素钠水溶液，搅拌均匀成糊状，将硅胶均匀倒在三块干净的载玻片上（2.5cm×7.5cm），用玻璃棒将硅胶均匀铺在载玻片上，轻轻振摇使载玻片上硅胶表面光滑均匀。室温下放置至水分蒸发完全，放入烘箱在 110℃下活化 30min，取出后保存在干燥器中备用。玻璃板应光滑、平整，洗净后不挂水珠。

（2）点样　用铅笔在薄层板一端 1～1.5cm 高度处轻轻画一道直线作为起点线，用毛细点样管吸取适量提取液进行点样，将对比样品平行点样。若一次点样不够，可待样品溶剂挥发完全后，再在原处第二次点样，但点样斑点直径不得超过 2mm。

（3）展开　溶剂完全挥发后，将薄层板点样一端放入展开槽中。展开槽中预先放入约 0.5cm 高度的展开剂（展开剂为丙酮∶石油醚＝1∶2）。观察薄层板的展开过程，待展开剂上升到距薄层板另一端约 1cm 时取出，立即用铅笔或小针画出展开剂前缘线位置。

（4）验视　晾干后仔细测量每个斑点中心与起点线的距离，计算每个斑点的 R_f 值。

四、数据处理

以菠菜作为参照样品，不同校园植物叶片的薄层色谱板分离结果列于下表中。

将薄层色谱法分离菠菜叶绿素的实验扩展至丰富的校园植物，能够让学生更好地理解各类植物的色素组成。在保证实验成功率的基础上，引导学生大胆选取样品种类，鼓励学生分组进行实验方案的设定，共享实验样品，分析比较各种实验结果，深入理解实验本质。

不同植物叶片中色素的比移值（R_f）

R_f	胡萝卜素	脱镁叶绿素	叶绿素 a	叶绿素 b	叶黄素
菠菜					

思考与练习

一、单选题

1. 属于高效液相色谱法分析物质特点的是（　　）。

A. 高沸点，热稳定性好　　B. 分子量大，热稳定性差

C. 低沸点，易挥发　　D. 低沸点，热稳定性差

2. 高压、高效、高速是现代液相色谱的特点，采用高压主要是由于（　　）。

A. 加快流速，缩短分析时间　　B. 高压可使分离效率显著提高

C. 采用了细粒度固定相所致　　D. 采用了填充毛细管柱

3. 在液相色谱中，某组分的保留值大小实际反映了（　　）部分的分子间作用力。

A. 组分与流动相　　B. 组分与固定相

C. 组分与流动相和固定相　　D. 组分与组分

4. 下列属于高效液相色谱仪高压输液系统的部件是（　　）。

A. 减压阀　　B. 皂膜流量计　　C. 脱气装置　　D. 净化管

5. 高效液相色谱法流动相使用前必须（　　）。

A. 净化　　B. 脱气　　C. 调节压力　　D. 脱气、过滤

6. 下列哪个不是高效液相色谱仪的关键部件（　　）。

A. 色谱柱　　B. 高压泵　　C. 检测器　　D. 数据处理系统

7. 高效液相色谱仪主要由（　　）组成。(1) 高压气体钢瓶；(2) 高压输液泵；(3) 六通阀进样器；(4) 色谱柱；(5) 热导检测器；(6) 紫外检测器；(7) 程序升温控制；(8) 梯度洗脱。

A. 1、3、4、5、7　　B. 1、3、4、6、7

C. 2、3、4、6、8　　D. 2、3、5、6、7

8. 下列有关使用液相色谱仪时需注意的事项描述不对的是（　　）。

A. 使用预柱保护分析柱　　B. 避免流动相组成及极性的剧烈变化

C. 流动相使用前必须经过脱气和过滤处理　　D. 贮液器都可以贮存各种性质溶剂

9. 高效液相色谱法中，溶剂使用不受限制的检测器是（　　）。

A. UVD　　B. FLD　　C. RID　　D. ECD

10. 高效液相色谱仪配备的检测器，可以用梯度淋洗的是（　　）。

A. UVD　　B. ECD　　C. RID　　D. TCD

11. 反相键合相色谱是指（　　）。

A. 固定相极性，流动相非极性

B. 固定相的极性远远小于流动相的极性

C. 被键合的载体为极性，键合的官能团的极性小于载体的极性

D. 被键合的载体为非极性，键合的官能团的极性大于载体的极性

12. 在液相色谱法中，按分离原理分类，液固色谱法属于（　　）。

A. 分配色谱法　　B. 排阻色谱法

C. 吸附色谱法　　D. 离子交换色谱法

13. 离子交换色谱中，一般来讲被分离的离子与树脂的亲和力越大，则（　　）。

A. 在流动相中的浓度越大　　B. 在色谱柱中的保留时间越长

C. 流出色谱柱越早　　D. 离子交换平衡常数越小

14. 凝胶渗透色谱柱能将被测物按分子体积大小进行分离，分子量越大，则（　　）。

A. 在流动相中的浓度越小　　B. 在色谱柱中的保留时间越小

C. 流出色谱柱越晚　　D. 在固定相中的浓度越大

15. 使用凝胶作为固定相的色谱是（　　）。

A. 液液分配色谱　　B. 离子交换色谱

C. 离子对色谱　　D. 空间排阻色谱

二、简答题

1. 相对气相色谱而言，为什么液相色谱能完成难度较高的分离工作？
2. 简述高效液相色谱的分离机理。
3. 简述梯度洗脱的作用。
4. 简述化学键合相色谱的优点。
5. 简述在液相色谱中，流动相的选择要求。

模块三 质谱分析法

学习目标

1. 熟悉质谱法的基本原理及质谱仪的结构。
2. 掌握质谱中离子的六种主要类型及质谱定性分析方法。
3. 熟悉气质联用（GC-MS）技术和液质联用（LC-MS）技术实验原理及分析流程。

能力目标

1. 能够正确对质谱图进行定性定量解析。
2. 掌握药品中杂质甲苯的GC-MS检验分析方法及结果的定性定量分析。
3. 掌握液态奶中苯甲酸的LC-MS检验分析方法及结果的定性定量分析。

思政目标

1. 科学素养：了解甲苯和苯甲酸的主要化学结构，掌握气质联用（GC-MS）技术和液质联用（LC-MS）技术的原理、操作过程及谱图解析的定性定量方法。
2. 人文素养：通过对药品中杂质甲苯的GC-MS分析检验及液态奶中苯甲酸的LC-MS分析检验，让学生理解和体会化学在人类衣食住行中的重要性，认识和理解生活中的化学原理，引导学生思考仪器分析在解决人类问题中的手段和方法，从而增强学生的专业自豪感和责任感。同时培养学生尊重事实、严谨、敬业与团队协作的科学精神。

典型工作任务

气质联用（GC-MS）技术和液质联用（LC-MS）技术中样品上机测定前的溶样、制样任务，检测时参数的设定及结果处理。

任务一 认识质谱分析法

一、质谱分析法概述

质谱分析法（mass spectrometry，MS）是指采用高速电子束撞击混合物或单体分子，将分解出的阳离子加速导入质量分离器，然后按照其质荷比 m/z 的大小顺序收集，并以质谱图记录下来，根据质谱峰位置进行定性和结构解析，或根据强度进行定量分析的一种方法。

质谱分析法是现代物理与化学领域内使用的一个极为重要的工具。质谱分析法已广泛应用于原子能、化工、冶金、石油、医药、食品等工业生产部门，农业科学研究部门以及核物理、有机化学、生物化学、地球化学、无机化学、临床化学、考古、环境监测、空间探索等科学技术领域。在有机化合物结构分析的四大工具中，与核磁共振波谱、红外吸收光谱和紫外可见光谱比较，质谱法具有其突出的特点。

① 质谱法是唯一可以确定分子式的方法。

② 灵敏度高，绝对灵敏度为 $10^{-10}\sim10^{-13}$g，相对灵敏度为 $10^{-3}\sim10^{-4}$g；样品用量少，一般几微克甚至更少的样品都可以检测，检出限可达 10^{-14}g；分析速度快，易于实现自动控制检测。

③ 提供的信息多，能提供准确的分子量、分子和官能团的元素组成、分子式以及分子结构等大量数据。

二、质谱分析法的基本原理

质谱分析法是利用特定的方法将样品气化后，气态分子通过压力梯度离子源器，经高能电子流的轰击，首先失去一个（或多个）外层价电子生成带正电荷的阳离子，同时，正离子的化学键也可能断裂，产生带有不同电荷和质量的碎片离子，然后进入磁场，在磁场中带电粒子的运动轨迹发生偏转，然后到达收集器，产生信号，信号强度与离子的数目成正比，质荷比（m/z）不同的碎片离子偏转情况不同，记录仪把这些信号记录下来就构成了质谱图，不同的分子得到不同的质谱图，通过分析质谱图可确定分子量及推断化合物分子结构。下面以单聚焦磁质谱仪（如图 3-1 所示）为例说明其原理。

在贮样器内（压力约为 1Pa）使微摩尔或更少的试样气化，由于压力差的作用，气体试样慢慢进入压力约为 10^{-3}Pa 的离子化室。有机化合物分子在离子化室中被导入电离室。在电离室内热丝电子源流向阳极的电子流轰击气态样品分子，使其失去一个电子形成分子正离子或者发生化学键断裂形成碎片正离子和自由基，有时样品分子也可能捕获一个电子而形成少量的负离子。在电离室内有一微小的静电场将正负离子分开，只有正离子能通过狭缝 A。在狭缝 A、B 间受到电压 V 的加速，若忽略离子在电离室内获得的初始能量，则该离子（电荷为 z、质量为 m）到达 B 时的动能应为：

$$\frac{1}{2}mv^2=zV \tag{3-1}$$

式中，v 为加速后正离子的运动速率。

加速后的正离子通过狭缝 B 进入真空度高达 10^{-5}Pa 的质量分析器（也称磁分析器）中，由于外磁场 B 的作用，其运动方向将发生偏转，由直线运动改为圆周运动。在磁场中，

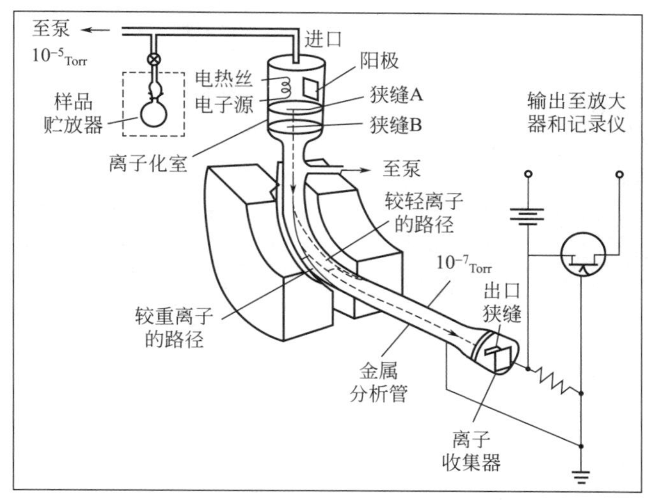

图 3-1　单聚焦磁质谱仪示意图

注：1Torr＝133.3Pa

离子作圆周运动的向心力等于磁场力，即：

$$\frac{mv}{R}=Bzv \tag{3-2}$$

式中，R 为离子运动的轨道半径。由式（3-1）和式（3-2）得质谱方程式：

$$\frac{m}{z}=\frac{R^2B^2}{2V}\text{或}R=\frac{1}{B}\sqrt{2V\frac{m}{z}} \tag{3-3}$$

由式（3-3）可以看出：离子运动的半径 R 取决于磁场强度 B，加速电压 V 以及离子的质荷比 m/z，如果 B 和 V 固定不变，则离子的 m/z 越大，其运动半径 R 越大，因此，在质量分析（或分离）器中，各离子就按照质荷比 m/z 的大小顺序被分开。从图 3-1 可以看出，质谱仪出射狭键的位置是固定的，只有离子运动半径与质量分析器半径相等时，离子才能通过出射狭缝到达检测器。一般用固定加速电压 V 而连续改变磁场强度 B 的方法获得质谱。

在质谱图中，谱峰的强度与离子的多少成正比，峰越高表示形成的离子越多。正离子和碎片离子在各处均能出峰，但中性碎片不出峰，阴离子因向相反的方向高速运动而不容易被检测出来，所以质谱一般是指正离子的质谱。

三、质谱仪的结构

质谱仪主要由以下几个部分组成：进样系统、离子源、质量分析器、离子检测器、记录系统以及高真空系统。如图 3-2 所示。

1. 进样系统

将待测物质送进离子源，可分为直接进样和间接进样。使用直接进样杆将纯样或混合样直接进到离子源内或经过注射器由毛细管直接注入离子源内称为直接进样，缺点是不能分析复杂化合物体系。经 GC 或者 HPLC 分离后进到质谱的离子源内称为间接进样。

2. 离子源

将待测物质中的原子、分子电离成离子，它是质谱仪的核心部件，它的性能直接影响质谱仪的灵敏度和分辨率。常见的离子源有：电子离子源（EI）、大气压化学离子源（APCI）、

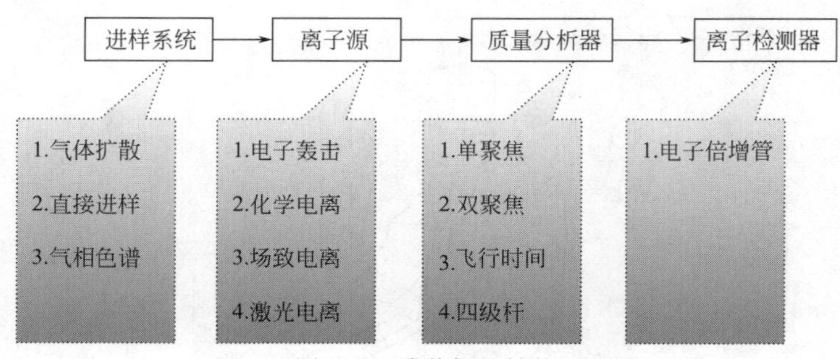

图 3-2 质谱仪的结构

化学离子源（CI）、电喷雾离子源（ESI）、基质辅助激光解吸离子源（MALDI）。

EI 源是灯丝释放的 70eV 高速电子束进入电离室，轰击化合物分子，使分子化学键断裂，生成各种低质量数的碎片离子和中性自由基。这些碎片离子和中性自由基再经过聚焦系统聚焦成电子束，到达质量分析器的中心，只有满足一定条件的离子才能沿电极的中心轴飞行到达检测器。最终由电子倍增器将信号放大并转变为适合数字转换的电压，由计算机完成数据处理，绘制成质谱图。

电喷雾离子源（ESI）是利用位于毛细管和质谱仪进口间的电位差来生成离子，在电场作用下产生以喷雾形式存在的带电液滴。当使用干燥气加热时溶剂蒸发，带电液滴体积缩小，最终生成去溶剂化离子。

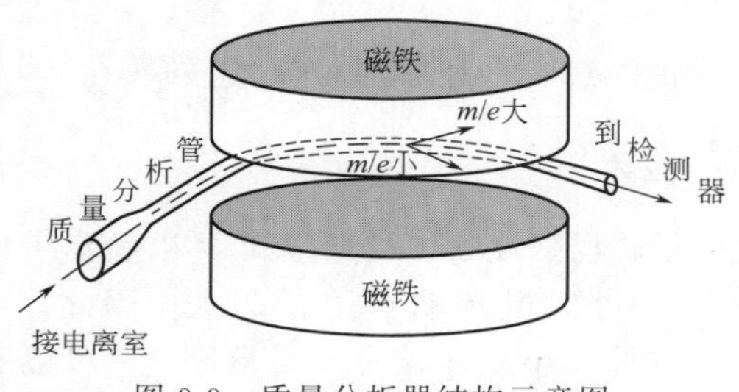

图 3-3 质量分析器结构示意图

3. 质量分析器

作用是将离子源产生的离子按照质荷比的大小分开，并使符合条件的离子飞过此分析器，将不符合条件的离子过滤掉。质量分析器的种类很多，有单聚焦分析器、双聚焦分析器、四级杆分析器、离子阱分析器、飞行时间分析器等。其质量分析器结构如图 3-3 所示。

任务二 有机质谱中离子的类型

一、质谱的表示方法

在质谱分析中，质谱常用线谱和表谱两种形式表示。线谱是以质荷比 m/z 为横坐标，以离子峰的相对丰度为纵坐标绘制的谱图，如图 3-4 所示。把原始质谱图上最强的离子峰定为基峰，基峰的相对强度常定为 100%，其它离子峰的强度以对基峰的相对百分值表示。质谱表是用表格的形式表示质谱数据，但质谱表用得较少，其优点是直接列出了质谱的相对强度，对定量计算比较直观。

二、质谱图中的主要离子峰

有机质谱中离子的主要类型有：分子离子，准分子离子，碎片离子，亚稳定离子，同位素离子，重排离子和多电荷离子。每种离子的质谱峰在质谱解析中各有用途。

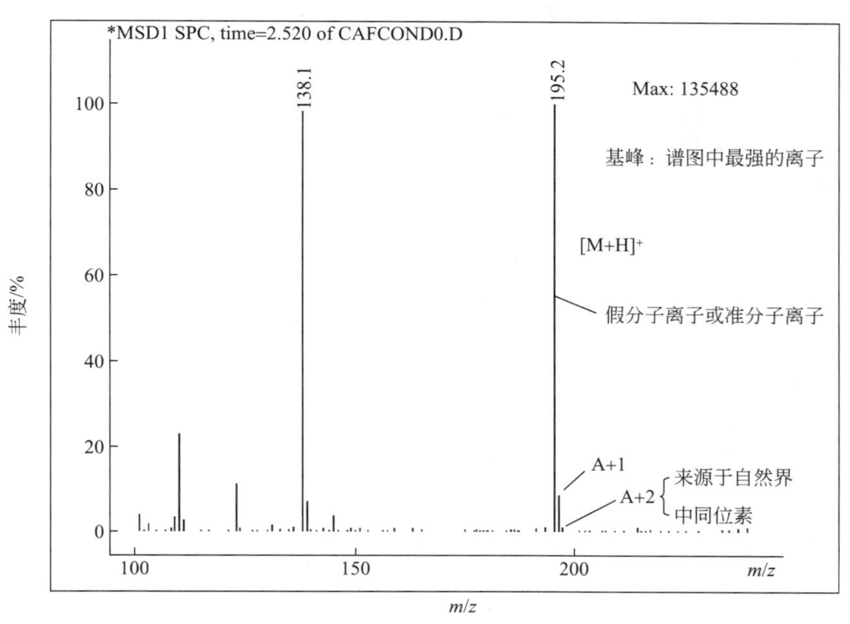

图 3-4 线谱图

1. 分子离子

（1）定义 化合物分子经电子轰击失去一个电子形成的正电离子称为分子离子或母离子。

$$M + e^- \longrightarrow \overset{+\cdot}{M} + 2e^- \tag{3-4}$$

相应的质谱峰称为分子离子峰或者母峰。分子离子的质荷比（m/z）值就是它的分子量。

（2）分子离子峰特点

① 分子离子是带单电荷的自由基离子，这种带有未成对电子的离子称为奇电子离子。

② 分子离子峰出现在质谱图中的质量最高端，存在同位素峰或不出现分子离子峰时例外。

③ 能够通过合理丢失中性分子或碎片离子得到高质量区的重要离子。

④ 分子离子的质量数符合氮规律。只含 C、H、O 的化合物，分子离子峰的质量数为偶数。含有 C、H、O、N 的化合物，含奇数个 N，质量数为奇数；含偶数个 N，质量数为偶数。

（3）分子离子峰的强度和化合物的结构有关 结构稳定的化合物，分子离子峰强；结构稳定性差的化合物，分子离子峰弱。分子离子峰强弱的大致顺序是：

芳香族化合物＞共轭烯烃＞脂环化合物＞直链烷烃＞硫醇＞酮＞醛＞胺＞酯＞醚＞羧酸＞多分支烃类＞醇

一般来说，分子离子峰的质荷比（m/z）就是该化合物的分子量，分子离子的强度（相对丰度）与化合物的类型相关，因此分子离子峰的识别在化合物质谱的解析中具有特殊的地位。

2. 准分子离子

准分子离子是指与分子存在简单关系的离子，通过它可以确定化合物的分子量。

例如：$(M+H)^+$ 或者 $(M-H)^+$

$(M+Na)^+$ $(M+K)^+$ $(M+X)^+$

3. 碎片离子

碎片离子是由于离子源的能量过高，使分子离子化学键断裂产生的质量数较低的碎片。

相应的质谱峰称为碎片离子峰，位于分子离子峰的左侧。分子的碎裂过程与其结构密切相关，利用碎片离子有助于推断分子结构。

4. 亚稳定离子

离子离开离子源到达离子收集器之前，在飞行途中可能还会发生进一步裂解或动能降低的情况，这种低质量或低能量的离子称为亚稳定离子。

亚稳离子峰出现在正常离子峰的左边，峰形宽且强度弱，通常 m/z 为非整数。亚稳定离子主要研究裂解机理。

5. 同位素离子

组成化合物的一些重要元素如 C、H、O、N 等都具有同位素。元素的重同位素通常比轻同位素重 1 或 2 个原子质量单位，因此，在分子离子峰右边 1～2 个原子单位处，常出现含重同位素的分子离子峰，称为同位素离子峰，用 M+1、M+2 等表示。

有机化合物一般由 C、H、O、N、S、Cl 及 Br 等元素组成，它的同位素丰度比如表 3-1 所示。

表 3-1 同位素的丰度比

同位素	$^{13}C/^{12}C$	$^{2}H/^{1}H$	$^{17}O/^{16}O$	$^{18}O/^{16}O$	$^{15}N/^{14}N$	$^{33}S/^{32}S$	$^{34}S/^{32}S$	$^{37}Cl/^{35}Cl$	$^{81}Br/^{79}Br$
丰度比/%	1.08	0.016	0.040	0.20	0.37	0.78	4.40	32.5	98.0

表中丰度是以丰度最大的轻质同位素为 100%计算而得。

同位素离子峰的强度与组成该离子的各同位素的丰度有关，可以通过各同位素的丰度估算分子离子峰和其它同位素离子峰的相对强度。通过 M、M+1、M+2 的峰强度比值，可以容易地判断化合物中是否含有这些元素和元素的数目。

例如，^{12}C 和 ^{13}C，两者自然丰度比为 100：1.08，如果由 ^{12}C 组成的化合物分子量为 M，那么由 ^{13}C 组成的同一化合物的分子量为 $M+1$，同一个化合物生成的分子离子就会有质量为 M 和 $M+1$ 的两种离子。

6. 重排离子

分子离子裂解为碎片离子时，有些碎片离子不是简单的化学键断裂产生的，而是发生分子内原子或基团的重排，这种特殊的碎片离子称为重排离子。

质谱图上相应的峰为重排离子峰。转移的基团常常是氢原子重排的类型很多，其中最常见的一种是麦氏重排。这种重排形式可以归纳如下：

麦式重排条件：当分子中含有 C═X（X 为 O，N，S，C）基团，与该基团相连的链上有 3 个以上的碳原子，而且 γ-C 上要有 H。离子分裂时 γ-H 向缺失电子的 X 原子转移，同时 β 键断裂。

可以发生这类重排的化合物有：酮、醛、酸、酯和其它含羰基的化合物，烯烃类和苯环化合物等。发生这类重排所需的结构特征是分子中有一个双键以及在 γ 位置上有氢原子。有时环氧化合物也会发生这种重排。例如：

(3-5)

任务三 质谱定性分析及谱图解析

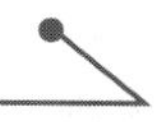

质谱图可提供有关分子结构的许多信息，因而定性能力强是质谱分析的重要特点。以下简要讨论质谱在这方面的主要作用。

1. 分子量的确定

因为质谱图中分子离子峰的质荷比在数值上就等于该化合物的分子量，从分子离子峰可以准确地测定该物质的分子量，这是质谱分析的独特优点。但因为在质谱中最高质荷比的离子峰不一定是分子离子峰，这是由于存在同位素等原因，可能出现 M+1、M+2 峰；另外，若分子离子不稳定，有时甚至不出现分子离子峰。因此，在解释质谱时首先要会确定分子离子峰，一般确认分子离子峰的方法如下：

（1）分子离子峰定是质谱中质量数最大的峰　它处在质谱的最右端。

（2）分子离子峰质量数必须符合氮数规律　因为组成有机化合物的主要元素 C、H、O、N、S 中，只有 N 的化合价为奇数，而质量数为偶数，所以有机化合物若有偶数个（包括零）N 时，其分子离子峰的 m/z 一定是偶数；若有奇数个 N 时，其分子离子峰的 m/z 定是奇数，这一规律称为氮律。凡不符合氮律的，就不是分子离子峰。

（3）分子离子峰与邻近离子峰的质量差应合理　如有不合理的碎片峰，就不是分子离子峰，例如分子离子不可能裂解出两个以上的氢原子和小于一个甲基的基团，故分子离子峰的左面，不可能出现比分子离子峰质量小 3～14 个质量单位的峰，若出现质量差 15 或 18，这是由于裂解出 $\cdot CH_3$ 或分子水，因此这些质量差是合理的。表 3-2 列出从有机化合物中易于

表 3-2　一些常见的自由基或中性分子的质量数

质量数	自由基或中性分子	质量数	自由基或中性分子
15	$\cdot CH_3$	45	$CH_3CHOH\cdot$，$CH_3CH_2O\cdot$
17	$\cdot OH$	46	CH_3CH_2OH，NO_2，$(H_2O+CH_2=CH_2)$
18	H_2O	47	$CH_3S\cdot$
26	$CH\equiv CH$	48	CH_3SH
27	$CH_2=CH\cdot$， $HC\equiv N$	49	$\cdot CH_2Cl$
28	$CH_2=CH_2$，CO	54	$CH_2=CH-CH=CH_2$
29	$CH_3CH_2\cdot$，$\cdot CHO$	55	$\cdot CH_2CH=CHCH_3$
30	$NH_2CH_2\cdot$，CH_2O，NO	56	$CH_2=CHCH_2CH_3$
31	$\cdot OCH_3$，$\cdot CH_2OH$，CH_3NH_2	57	$\cdot C_4H_9$
32	CH_3OH	59	$CH_3O\dot{C}=O$，CH_3CONH_2
33	$HS\cdot$，$(\cdot CH_3+H_2O)$	60	C_3H_7OH
34	H_2S	61	$CH_3CH_2S\cdot$
35	$Cl\cdot$	62	$(H_2S+CH_2=CH_2)$
36	HCl	64	CH_3CH_2Cl
40	$CH_3C\equiv CH$	68	$CH_2=C(CH_3)-CH=CH_2$
42	$CH_2=CHCH_3$，$CH_2=C=O$	71	$\cdot C_5H_{11}$
43	C_3H_7，CH_3CO，$CH_2=CH-O\cdot$	73	$CH_3CH_2O\dot{C}=O$
44	$CH_2=CHOH$，CO_2		

裂解出的自由基（附有黑点的）和中性分子的质量差，这对判断质量差是否合理和解析裂解过程有参考价值。

（4）M+1 峰　某些化合物（如醚、酯、胺等）形成的分子离子不稳定，分子离子峰很小，甚至不出现；但 M+1 峰却相当大。这是由于分子离子在离子源中捕获一个 H 而形成的。例如：

$$R-O-R^1 \xrightarrow{-e^-} R-\overset{+\cdot}{O}-R^1 \xrightarrow{-\cdot H} R-\overset{+}{O}(H)-R^1 \tag{3-6}$$

（5）M-1 峰　有些化合物没有分子离子峰，但 M-1 峰却比较大，醛就是个典型的例子，这是由于发生如下裂解而形成的：

$$R-\overset{H}{\overset{|}{C}}=O \xrightarrow{-e^-} R-\overset{H}{\overset{|}{C}}=\overset{+\cdot}{O} \xrightarrow{-\cdot H} R-C\equiv\overset{+}{O} \tag{3-7}$$

因此判断分子离子峰时，应该注意形成 M+1 或 M－1 峰的可能性。

2. 分子式的确定

（1）由同位素离子峰确定分子式　有机化合物分子都是由 C、H、O、N 等元素组成的，这些元素大多具有同位素，由于同位素的贡献，质谱中除了有质量为 M 的分子离子峰外，还有质量为 $M+1$、$M+2$ 的同位素峰。拜诺（Beynon）等人计算了分子量在 500 以下，只含 C、H、O、N 的化合物的同位素离子峰 $(M+2)^{+\cdot}$、$(M+1)^{+\cdot}$ 与分子离子峰 $M^{+\cdot}$ 的相对强度（以 $M^{+\cdot}$ 峰的相对强度为 100），编制成表，称为 Beynon 表。例如，某化合物分子量为 $M=150$（丰度 100%）。M+1 的丰度为 9.9%，M+2 的丰度为 0.88%，求化合物的分子式。根据 Beynon 表可知，$M=150$ 化合物有 29 个，其中与所给数据相符的为 $C_9H_{10}O_2$。这种确定分子式的方法要求同位素峰的测定十分准确，而且只适用于分子量较小、分子离子峰较强的化合物，如果是这样的质谱图，利用计算机进行库检索得到的结果一般都比较好，不需再计算同位素峰和查表。因此，这种查表的方法已经不再使用。

（2）用高分辨质谱仪确定分子式　用高分辨质谱仪通常能测定每一个质谱峰的精确原子量，从而确定化合物分子式。这种测定方法基于各元素的原子量是以 C 的原子量为 12.000000 作为基准，如精确到小数点后 6 位数，大多数元素的原子量不是整数。如氢、氧、氮的原子量分别为 1.007825、15.994915、14.003074。

这样，由不同数目的 C、H、O、N 等元素组成的各种分子式中，其分子量整数部分相同的可能有很多，但其小数部分不会完全相同。

Beynon 等人列出了不同数目 C、H、O、N 组成的各种分子式的精密分子量表（精确到小数点后三位数字）。高分辨质谱能给出精确到小数点后 4～6 位数字的分子量，用此分子量与 Beynon 表进行核对，就可能将分子式的范围大大缩小，再配合其它信息，即可从少数可能的分子式中得到最合理的分子式。目前高分辨质谱仪一般都与计算机联用，这种数据对照与分子式的检索可由电子计算机完成。

3. 结构式的确定

由前所述可知，化合物分子电离生成的离子质量与强度，与该化合物分子本身结构有密切关系。也就是说，化合物的质谱带有很强的结构信息，通过对化合物质谱的解析，可以得到化合物的结构。质谱图解析结构的方法和步骤如下。

① 由质谱的高质量端确定分子离子峰，求出分子量，初步判断化合物类型及是否含有 Cl、Br、S 等元素。

② 根据分子离子峰的高分辨数据，给出化合物的组成式。

③ 由组成式计算化合物的不饱和度，即确定化合物中环和双键的数目。

计算方法为：不饱和度 $\Omega=\text{四价原子数}-\frac{\text{一价原子数}}{2}+\frac{\text{三价原子数}}{2}+1$

例如，苯的不饱和度 $\Omega=6-\frac{6}{2}+\frac{0}{2}+1=4$

不饱和度表示有机化合物的不饱和程度，计算不饱和度有助于判断化合物的结构。

④ 研究高质量端离子峰。质谱高质量端离子峰是由分子离子失去碎片形成的。从分子离子失去的碎片，可以确定化合物中含有哪些取代基。

⑤ 研究低质量端离子峰，寻找不同化合物断裂后生成的特征离子和特征离子系列。例如，正构烷烃的特征离子系列为 m/z 15、29、43、57、71 等，烷基苯的特征离子系列为 m/z 39、65、77、91 等。根据特征离子系列可以推测化合物类型。

⑥ 若有亚稳离子峰存在，可利用 $m^*=m_2^2/m_1$ 的关系式，找到 m_1 和 m_2；并推断 $m_1 \rightarrow m_2$ 的断裂过程。

⑦ 通过上述各方面的研究，提出化合物的结构单元。再根据化合物的分子量、分子式、样品来源、物理化学性质等，提出一种或几种最可能的结构。必要时，可根据红外和核磁数据得出最后结果。

⑧ 验证所得结果。验证的方法有：将所得结构式按质谱断裂规律分解，看所得离子和所给未知物谱图是否一致；查该化合物的标准质谱图，看是否与未知谱图相同；寻找标样，依标样的质谱图，与未知物谱图比较等各种方法。

【例 3-1】 某未知物的质谱图如下，推测其结构式。

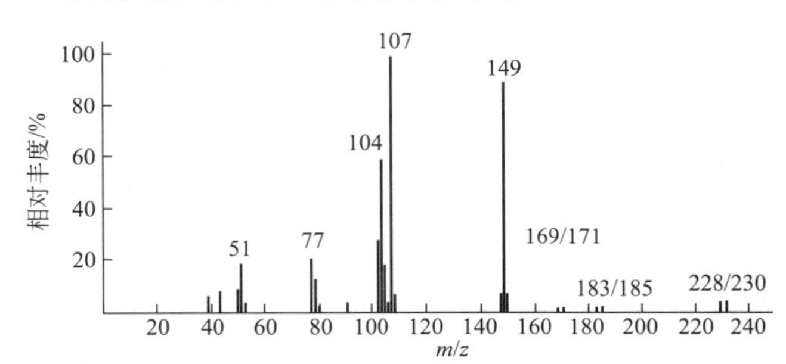

解　从该图可以看出 m/z 228 满足分子离子峰的各项条件，可考虑它为分子离子峰。

由 m/z 228、230；183、185；169、171 几乎等高的峰强度比可知该化合物含一个 Br。

m/z 149 是分子离子峰失去溴原子后的碎片离子，由 m/z 149 与 150 的强度比可估算出该化合物不多于十个碳原子，但进一步推出元素组成式还有困难。

从 m/z 77、51、39 可知该化合物含苯环。

从存在 m/z 91 但强度不大可知，苯环被碳原子取代而并非 CH_2 基团。

m/z 183 为 M－45，m/z 169 为 M－45－14，45 与 59 很可能对应羧基—COOH 和 —CH_2—COOH。现有结构单元：

C_6H_5—　　—C—（四价碳）　　Br　　—CH_2—COOH

加起来共 227 质量单位，因此可推出苯环上取代的为 CH，即该化合物结构为：

C_6H_5—CH(Br)—CH_2—COOH

任务四 色质联用技术

色谱可作为质谱的样品导入装置，并对样品进行初步分离纯化，因此色谱质谱联用技术可对复杂体系进行分离分析。因为色谱可得到化合物的保留时间，质谱可给出化合物的分子量和结构信息，故对复杂体系或混合物中化合物的鉴别和测定非常有效。在这些联用技术中，气相色谱质谱联用（GC-MS）和液相色谱质谱联用（LC-MS）得到了广泛的应用。

一、气相色谱质谱联用（GC-MS）

1. 气质联用（GC-MS）技术

气相色谱质谱联用技术（gas chromatography mass sepetrometry，GC-MS），简称气质联用，即将气相色谱仪与质谱仪通过接口组件进行连接，以气相色谱作为试样分离、制备的手段，将质谱作为气相色谱的在线检测手段进行定性、定量分析，辅以相应的数据收集与控制系统构建而成的一种色谱质谱联用技术，在化工、石油、环境、农业、法医、生物医药等方面，已经成为一种获得广泛应用的成熟的常规分析技术。GC-MS综合了气相色谱和质谱的优点，具有GC的高分离度和MS的高灵敏度、强鉴别能力，可同时完成待测组分的分离、鉴定和定量。

气相色谱技术是利用一定温度下不同化合物在流动相（载气）和固定相中分配系数的差异，使不同化合物按时间先后在色谱柱中流出，从而达到分离分析的目的。保留时间是气相色谱进行定性的依据，而色谱峰高或峰面积是定量的手段，所以气相色谱对复杂的混合物可以进行有效的定性定量分析。其特点在于高效的分离能力和良好的灵敏度。但若仅以保留时间作为定性指标往往存在明显的局限性，特别是对于同分异构体或者同位素化合物的分离效果较差。质谱中的一种离子化技术则是将气化的样品分子在高真空的离子源内转化为带电离子，经电离、引出和聚焦后进入质量分析器，在磁场或电场作用下，按时间先后或空间位置进行质荷比（质量和电荷的比，m/z）分离，最后被离子检测器检测。其主要特点是较强的结构鉴定能力，能给出化合物的分子量、分子式及结构信息。在一定条件下所得的MS碎片图及相应强度，犹如指纹图，易于辨识，方法专属灵敏。但单独使用质谱最大的局限性在于要求样品是单一组分，因此无法满足混合物质的分析。

GC-MS是在色谱和质谱各自技术优点的基础上，取长补短，将气相色谱对混合有机化合物的高效分离能力和质谱对化合物的准确鉴定能力进行直接结合，来对混合物物质进行定性和定量分析的一门技术。在GC-MS中气相色谱是混合物分离的处理器，而质谱则是气相色谱分离成分的检测器。两者的联用不仅获得了气相色谱中各分离组分的保留时间、峰高峰面积，同时获得了质谱中各分离组分的质荷比和强度信息。因此，GC-MS联用技术的分析方法不但能使样品的分离、鉴定和定量一次快速地完成，还对于批量物质的整体和动态分析起到了很大的促进作用。其主要应用于工业检测、食品安全、环境保护等众多领域，如农药残留、食品添加剂等；纺织品检测，如禁用偶氮染料、含氯苯酚检测等；化妆品检测，如二噁烷、香精香料检测等；电子电器产品检测，如多溴联苯、多溴联苯醚检测等；物证检验中可能涉及各种各样的复杂化合物，气质联用仪器对这些司法鉴定过程中复杂化合物的定性定量分析提供强有力的支持。气质联用仪如图3-5所示。

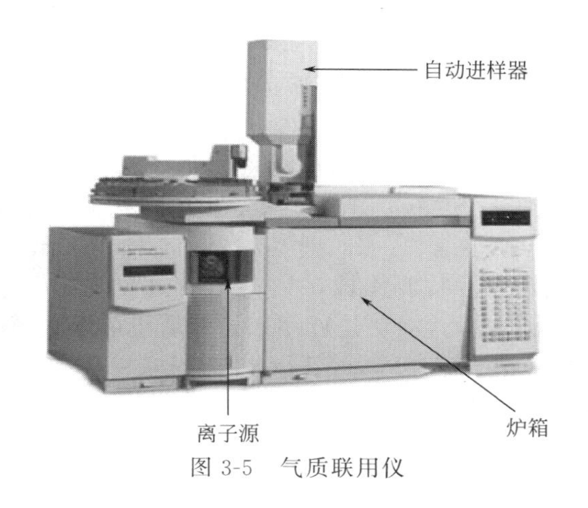

图 3-5 气质联用仪

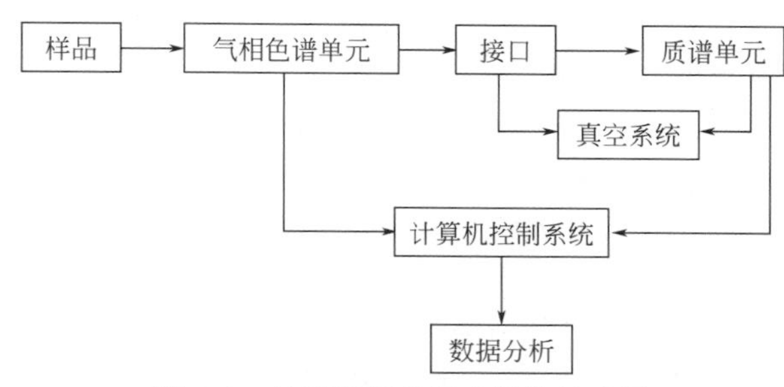

图 3-6 气质联用仪组成结构示意图

2. 仪器组成与结构

GC-MS 系统由气相色谱单元、质谱单元、计算机控制系统和接口四大件组成，其中气相色谱单元一般由载气控制系统、进样系统、色谱柱与控温系统组成；质谱单元由离子源、离子质量分析器及其扫描部件、离子检测器和真空系统组成；接口是样品组分的传输线以及气相色谱单元、质谱单元工作流量或气压的匹配器；计算机控制系统不仅用于数据采集、存储、处理、检索和仪器的自动控制，而且拓宽了质谱仪的性能，气质联用仪组成结构示意图如图 3-6 所示。

二、液相色谱质谱联用（LC-MS）

1. 液质联用（LC-MS）技术

在所有色谱技术中，液相色谱法（liquid chromatography，LC）是最早（1903 年）发明的，但其初期发展比较慢，在液相色谱普及之前，纸色谱法、气相色谱法和薄层色谱法是色谱分析法的主流。到了 20 世纪 60 年代后期，将已经发展得比较成熟的气相色谱的理论与技术应用到液相色谱上来，使液相色谱得到了迅速的发展。特别是填料制备技术、检测技术和高压输液泵性能的不断改进，使液相色谱分析实现了高效化和高速化。具有这些优良性能的液相色谱仪于 1969 年实现商品化。从此，这种分离效率高、分析速度快的液相色谱就被称为高效液相色谱法（high performance liquid chromatography，HPLC），也称高压液相色谱法或高速液相色谱法。气相色谱只适合分析较易挥发且化学性质稳定的有机化合物，而 HPLC 则适合分析那些用气相色谱难以分析的物质，如挥发性差、极性强、具有生物活性、热稳定性差的物质。现在，HPLC 的应用范围已经远远超过气相色谱，位居色谱法之首。

质谱分析是先将物质离子化，按离子的质荷比分离，然后测量各种离子峰的强度而实现分析目的的一种分析方法。质谱的样品一般要先气化，再离子化。不纯的样品要用色谱质谱联用仪，通过色谱进样，即色谱分离，质谱是色谱的检测器。离子在电场和磁场的综合作用下，按照其质量数 m 和电荷 z 的比值（m/z，质荷比）大小依次排列成谱被记录下来，以检测器检测到的离子信号强度为纵坐标，离子质荷比为横坐标所作的条状图就是我们常见的质谱图。

色谱与质谱的在线联用将色谱的分离能力与质谱的定性功能结合起来，实现对复杂混合物更准确的定量和定性分析，而且简化了样品的前处理过程，使样品分析更简便。色谱质谱联用包括气相色谱质谱联用（GC-MS）和液相色谱质谱联用（LC-MS），液质联用与气质联用互为补充，分析不同性质的化合物。气质联用仪（GC-MS）是最早商品化的联用仪器，适宜分析小分子、易挥发、热稳定、能气化的化合物；用电子轰击方式（EI）得到的谱图，可与标准谱库对比。液质联用仪（LC-MS）主要可解决如下几方面的问题：不挥发性化合物分析测定、极性化合物的分析测定、热不稳定化合物的分析测定、大分子量化合物（包括蛋白、多肽、多聚物等）的分析测定。

总之，液相色谱质谱联用技术（LC-MS）是以质谱仪为检测手段，集 HPLC 高分离能力与 MS 高灵敏度和高选择性于一体的强有力分离分析方法。特别是近年来，随着电喷雾、大气压化学电离等软电离技术的成熟，其定性定量分析结果更加可靠，同时，由于液相色谱质谱联用技术对高沸点、难挥发和热不稳定化合物的分离和鉴定具有独特的优势，因此，它已成为中药制剂分析、药代动力学、食品安全检测和临床医药学研究等不可缺少的手段。液质联用仪如图 3-7 所示。

图 3-7　液质联用仪

2. 仪器组成与结构

高效液相色谱质谱联用仪（HPLC-MS）通常由液相色谱系统、进样接口、离子源、质量分析器、检测器、计算机控制及数据处理系统、真空系统等构成。具体见图 3-8。

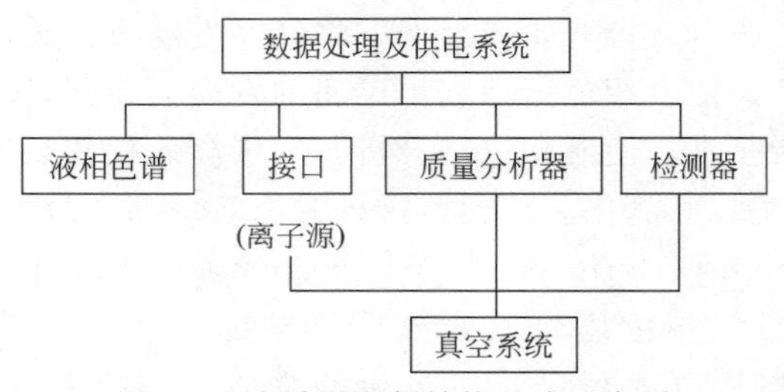

图 3-8　液质联用仪结构组成示意图

技能训练八　GC-MS 对农药有机杂质中甲苯的定性定量分析

一、实训目的

1. 能力目标

（1）熟悉气质联用（GC-MS）技术实验原理及分析流程。

（2）了解气质联用（GC-MS）技术操作过程。

（3）掌握药品中杂质甲苯的 GC-MS 检验分析方法及结果的定性定量分析。

2. 思政目标

本项目旨在引导学生理解和体会气相色谱质谱联用分析技术在药物生产中的重要作用以及在各行业的应用，让学生体会到气相色谱质谱联用分析技术相比于其它分析技术具有高效、快捷、准确的特性，引导学生思考仪器分析在解决人类问题中的手段和方法，从而增强学生的专业自豪感和责任感。同时培养学生尊重事实、严谨、敬业与团队协作的科学精神。

二、方法原理

混合物样品经 GC 分离成一个个单一组分，并进入离子源，在离子源样品分子被电离成离子，离子经过质量分析器之后即按 m/z 顺序排成谱。经检测器检验后得到质谱，经过适当处理即可得到样品的色谱图、质谱图等。经计算机处理后可得到化合物的定性结果，由色谱图可以得到各组分的定量分析结果。

三、仪器与试剂

1. 仪器

气相色谱质谱联用仪（美国安捷伦公司，型号 7890A/5975C），KQ-500DA 型数控超声波清洗器（昆山市超声仪器有限公司）；FID 检测器；石英毛细管束（30m×0.32mm×0.25μm）；进样针。

2. 试剂

甲醇（色谱纯）；蒸馏水（二次蒸馏、过滤）；农药标准品（含量＞99%）、农药样品（95.5%）；甲酸、甲酸铵等其它试剂均为分析纯；高纯氦气。

四、操作步骤

1. 样品溶液的配制

标样溶液的配制：称取适量甲苯的标准样品，置于 100mL 容量瓶中，用氯仿超声溶解并稀释至刻度，摇匀。用移液管准确吸取 2.0mL 溶液置于 10mL 容量瓶中，用氯仿稀释并定容，摇匀，用针头过滤器过滤。

样品溶液的配制：称取适量原药样品，置于 10mL 容量瓶中，用氯仿超声溶解并稀释至刻度，摇匀。用针头过滤器过滤。

2. 定性操作条件

GC-MS 定性操作条件。色谱柱：HP-5MS，30m×0.25mm，0.25μm；柱温：起始温度 60℃，保留 4.0min，升温速率 50℃/min，升温至 280℃，保留 15.0min；流速：1.0mL/min；分流比：50/1；离子源：EI；气化温度：250℃；离子源温度：230℃；四极杆温度：150℃。

3. 定量操作条件

色谱柱：HP-5，30m×0.32mm，0.25μm；柱温：60℃，保留 4.0min，升温速率 50℃/min，升温至 280℃，保留 15.0min；流速：1.5mL/min；分流比：50/1；进样量：1.0μL；气化温度：250℃；检测器温度：280℃；载气：氮气、氢气和空气的流量分别为 1.5mL/min、30.0mL/min、300.0mL/min；保留时间：3.2min。

4. 分析测定

待仪器稳定后进甲苯标准溶液，重复进样，直到相邻 2 针有效成分面积相差小于 5%，按标样、样品、样品、标样的顺序进行。

五、结果分析与讨论

1. 定性分析结果

（1）将液相色谱分离出的峰与质谱图得到的该峰的分子量填入下表。

甲苯的质谱定性分析结果

样品名称	保留时间	定性分析结果(分子量)	分子结构式
标准品			
样品 1			
样品 2			
样品 3			
样品 4			
样品 5			

(2) 查找样品的标准谱图，并将自己所测样品谱图与标准谱图进行评价和讨论。

2. 定量分析结果

(1) 将不同药品中测得的甲苯含量填入下表。

甲苯的质谱定量分析结果

序号	保留时间	定性离子	定量离子	样品含量/(μg/mL)	平均值	标准偏差	RSD/%

(2) 对照测试结果，讨论实验过程中可能导致误差的原因。

(3) 定量分析计算方法

在 GC-MS 得到的质量色谱图上，峰面积与相应组分的含量成正比，若对某一组分进行定量测量，可以采用色谱分析法中的归一法、外标法、内标法等不同定量方法进行，本项目采用外标法进行测定。则杂质甲苯的质量分数 X_1 按下式计算：

$$X_1=\frac{A_2 m_1 P}{A_1 m_2} \tag{3-8}$$

式中，m_1 为甲苯标样的质量，g；m_2 为甲苯试样的质量，g；A_1 为标样中甲苯的峰面积；A_2 为试样中甲苯的峰面积；P 为甲苯标样的质量分数，%。

六、注意事项

1. 液相色谱质谱联用仪属于贵重精密仪器，必须严格按照操作手册规定操作，要注意实验步骤的严谨真实性。

2. 禁止样品直接测定，至少使用 0.45μm 滤膜过滤样品。

技能训练九 LC-MS 对液体奶中苯甲酸的定性定量分析

一、实训目的

1. 能力目标

(1) 熟悉液质联用 (LC-MS) 技术实验原理及分析流程。

(2) 了解液质联用 (LC-MS) 技术操作过程。

(3) 掌握液态奶中苯甲酸的 LC-MS 检验分析方法及结果的定性定量分析。

2. 思政目标

本项目旨在引导学生理解和体会液相色谱质谱联用分析技术在食品生产中的重要作用，让学生体会到生命过程中的化学是当前化学学科发展的前沿领域之一。由于液相色谱质谱联用技术对高沸点、难挥发和热不稳定化合物的分离和鉴定具有独特的优势，是食品安全检测研究等不可缺少的手段。相比于其它分析技术具有高效、快捷、准确的特性，引导学生思考仪器分析在解决人类问题中的手段和方法，从而增强学生的专业自豪感和责任感。同时培养学生尊重事实、严谨、敬业与团队协作的科学精神。

二、方法原理

以氘化苯甲酸为内标，牛奶用甲醇直接处理沉淀蛋白后，经液相色谱分离、电喷雾离子化串联质谱进行检测，苯甲酸和内标的多反应监测 (MRM) 扫描。

三、仪器与试剂

1. 仪器

APIQTRAP3200 串联质谱仪 (美国应用生物系统公司)，Analyst1.4.1 分析软件；岛津系列液相色谱仪 (日本岛津公司)，由 LC20AD 输液泵、SILHTC 自动进样器和在线脱气仪组成。

2. 试剂

苯甲酸对照品 (1.0mg/mL)；苯甲酸-D5 (内标)，甲醇、乙酸铵为色谱纯，其它试剂均为分析纯，水为自制双蒸水。

四、操作步骤

1. 色谱条件

分析柱 Allure PFP Propyl (100mm×2.1mm，5μm，Resteck)，C_{18} 保护柱 (4.0mm×3.0mm，5μm，Phenomenex)。流动相：甲醇-5mmol/L 乙酸铵 (20 : 80)，流速为 0.25mL/min，进样体积为 10μL。

2. 质谱条件

电喷雾离子源，负离子扫描；气帘气 30psi (1psi=6.895kPa)，碰撞气 (N_2) Medium，离子源电压−4500V，离子源温度 550℃；雾化气 60psi (1psi=6.895kPa)，辅助加热气 50psi (1psi=6.895kPa)，MRM 扫描分析。

3. 样品处理

取 100μL 牛奶于 1.5mL 塑料离心管中，加入 10μL 内标 (30μg/mL 水溶液)，混匀，然后加入 300μL 甲醇，旋涡振荡 30s，高速离心 (15000r/min) 3.0min，取上清液进样分析。

4. 标准溶液的制备

精密吸取苯甲酸贮备液 (1.0mg/mL) 适量，加入空白牛奶中，使苯甲酸添加浓度为

50ng/mL、100ng/mL、200ng/mL、500ng/mL、1000ng/mL、2000ng/mL、5000ng/mL。

5. 定性分析

按步骤1.、步骤2.的检测条件，取对照品溶液和供试品溶液各5pL，注入液相色谱质谱联用仪中，得到相应的一级质谱准分子离子峰。

6. 标准曲线的绘制

打开GC-MS Analysis Editor软件，创建本次实验方法。分析条件如步骤中1.和2.。按上述分析条件上机检测标准溶液，对所得的色谱峰与质谱图进行处理，得出色谱峰面积标样浓度标准曲线。

7. 仪器准备

提前一天开机抽真空，并按照上述参数对仪器进行设定，实验开始前平衡色谱柱30min，同时检查仪器各个参数是否正常，如有故障排除故障后再进行样品测定。

8. 测定未知样品

测定未知样品中苯甲酸含量，处理数据并提交实验报告。

五、结果分析与讨论

1. 定性分析

（1）将液相色谱分离出的峰与质谱图得到的该峰的分子量填入下表。

苯甲酸的质谱定性分析结果

样品名称	保留时间	定性分析结果(分子量)	分子结构式
标准品			
样品1			
样品2			
样品3			
样品4			
样品5			

（2）查找样品的标准谱图，并将自己所测样品谱图与标准谱图进行评价和讨论。

2. 定量分析

（1）将不同液体奶中测得的苯甲酸含量填入下表。

苯甲酸的质谱定量分析结果

序号	保留时间	定性离子	定量离子	样品含量/(μg/mL)	平均值	标准偏差	RSD/%

（2）对照测试结果，讨论实验过程中可能导致误差的原因。

六、注意事项

液相色谱质谱联用仪属于贵重精密仪器，必须严格按照操作手册规定操作。

思考与练习

1. 质谱法相比于其它色谱分析法有什么突出的优势？

2. 简述质谱仪的组成结构及其作用。

3. 有机化合物在电子轰击离子源中有可能产生哪些类型的离子？从这些离子的质谱峰中可以得到一些什么信息？

4. 如何利用质谱信息来判断化合物的分子量？判断分子式？

5. 如何实现气相色谱质谱联用？

6. 简述 GC-MS 和 LC-MS 特点和主要用途。

7. 请解释说明含 C、H 和 N 化合物的分子离子的 m/z 规则。若化合物中有氧存在是否会使上述规则无效？

8. 试判断化合物 $CH_3—CO—C_3H_7$ 在质谱图上的主要强峰，并简明解释。

9. 某化合物分子量 $M=142$，其质谱图如下，则该化合物结构式是什么？

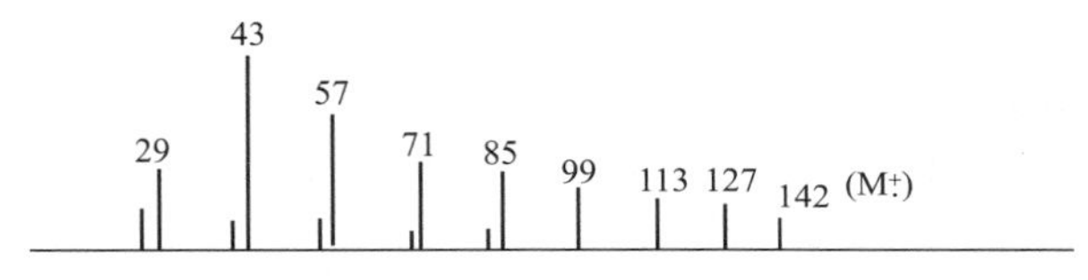

10. 某化合物质谱图上的分子离子簇为：M(89)17.12%；M+1(90)0.54%；M+2(91)5.36%。试判断其可能的分子式。

11. 某化合物的分子式为 $C_4H_{10}O_2$，IR 数据表明该化合物有羰基 C═O，其质谱图如下所示，试推断其结构。

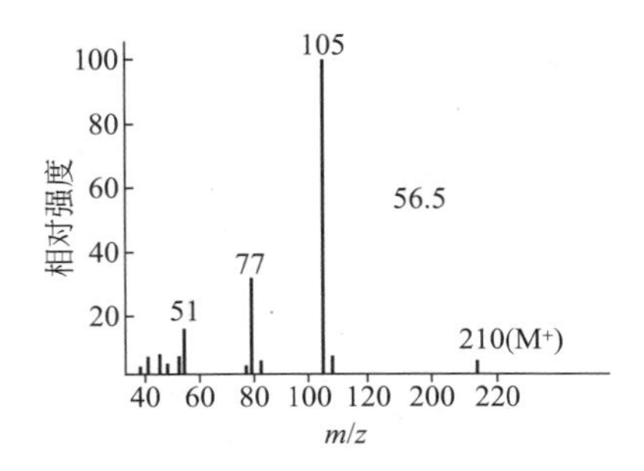

12. 一个羰基化合物，经验式为 $C_6H_{12}O$，其质谱见下图，判断该化合物是何物。

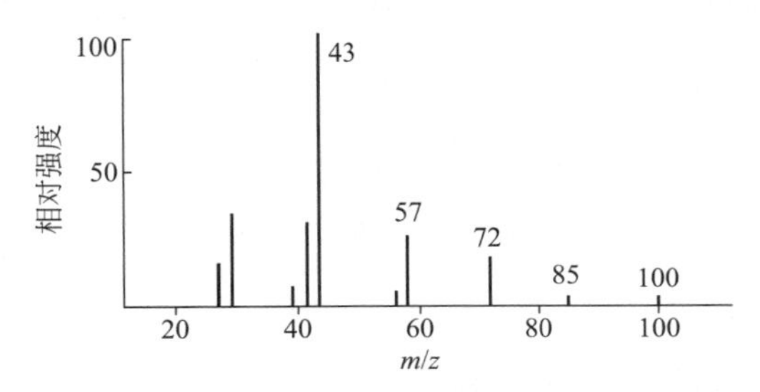

思考与练习参考答案

模块一

一、单选题

1. A 2. D 3. B 4. C 5. B 6. D 7. D 8. D 9. C 10. B 11. A 12. A 13. C 14. D 15. A 16. A 17. A 18. A 19. D 20. C

二、简答题

1. 答：气相色谱法的分离原理是利用不同物质在固定相和流动相中具有不同的分配系数。当两相作相对移动时，混合物中各组分在两相中反复多次分配，原来微波的分配差异产生了很明显的分离效果，从而依先后顺序流出色谱柱。

2. 答：气相色谱仪的主要部件有：高压气瓶、气化室、恒温箱、色谱柱、检测器。

高压气瓶：贮存载气。

气化室：将液体或固体试样瞬间气化，以保证色谱峰有较小的宽度。

恒温箱：严格控制色谱柱的温度。

色谱柱：分离试样。

检测器：将组分及其浓度变化以不同方式转换成易于测量的电信号。

或答：

气路系统：是一个载气连续运行的密闭管路系统，通过该系统，可获得纯净、流速稳定的载气。

进样系统：包括进样器和气化室。其作用是让液体试样在进入色谱柱前瞬间气化，快速而定量地加到色谱柱上端。

分离系统：色谱柱是色谱仪的分离系统，试样各组分的分离在色谱柱中进行。

温控系统：主要指对色谱柱、气化室、检测器三处的温度控制。

检测系统：是把载气里被分离的各组分的浓度或质量转换成电信号的装置。

3. 答：热导池检测器是基于被分离组分与载气的热导率不同进行检测的。当通过热导池池体的气体组成及浓度发生变化时，引起热敏元件温度的改变，由此产生的电阻值变化通过惠斯登电桥检测，其检测信号大小和组分浓度成正比。

氢火焰电离检测器是根据含碳有机物在氢火焰中发生电离的原理检测的。

4. 答：$H=A+B/u+Cu$

操作条件选择：

① 使用适当粒度和颗粒均匀的填充物，并尽量填充均匀、紧密，减小涡流扩散。

② 载气流速为 u，当 u 较小时，分析扩散项 B/u 成为影响 H 的主要因素，此时应采用分子量较大的载气（N_2、Ar）以使组分在气相中有较小的扩散系数，减少组分在气相中停留的时间；当 u 较大时，传质阻力项 Cu 成为影响 H 的主要因素，此时宜用分子量低的载气（H_2、He）使组分在气相中有较大的扩散系数，减小气相传质阻力。可由 H-u 曲线求得 U_{opt}。

③ 适当降低固定液的液膜厚度，增大组分在液相中的扩散系数。

5. 答：A：涡流扩散项，在填充色谱中，当组分随载气向柱出口迁移时，碰到的填充物颗粒阻碍会不断改变流动方向，使组分在气相中形成紊乱的类似“涡流”的流动，引起色谱峰变宽。

B/u：分子扩散项，是由于色谱柱内沿轴向存在浓度梯度，使组分分子随载气迁移时自发地产生由高浓度向低浓度的扩散，从而使色谱峰变宽。

Cu：传质阻力项，传质阻力项系数 $C=C_g+C_L$。

气相传质阻力：组分在气相与气液界面间进行质量交换所受到的阻力。

液相传质阻力：组分从气液两相界面扩散至液相内部达平衡后，又返回两相界面所受到的阻力。

6. 答：色谱定性依据：保留值。

主要定性方法：

（1）利用保留值与已知物对照定性；

（2）利用保留值经验规律定性；

（3）根据文献保留数据定性。

色谱定量依据：被测组分质量与其色谱峰面积成正比。

主要定量方法：

（1）归一化法；

（2）内标法；

（3）标准曲线法。

7. 答：（1）因色谱峰面积 A 与物质性质有关，相同质量的不同物质产生的 A 不同，故应采用校正因子 $f_i=m_i/A_i$；又因绝对校正因子 f_i 随色谱测定条件而变，可采用相对校正因子，与基准物质 s 的校正因子相比：$f_i'=\dfrac{f_i}{f_s}=\dfrac{m_iA_s}{m_sA_i}$

（2）采用标准曲线法定量时，可不使用校正因子。

8. 答：塔板理论给出了衡量色谱柱分离效能的指标，但柱效并不能表示被分离组分的实际分离效果，如果两组分的分配系数 K 相同，虽可计算出柱子的塔板数，但无论该色谱柱的数多大，都无法实现分离。

9. 答：柱效不能表示被分离组分的实际分离效果；不能解释造成谱带扩张的原因和影响板高的各种因素；不能说明同一溶质为什么在不同的流速下，可以测得不同的理论塔板数。

10. 答：固定液沸点高；稳定性好，黏度要尽量低；固定液对试样各组分有适当的溶解度且有差异，具有高选择性，即对物理化学性质相近的不同物质有尽可能高的分离能力；化学稳定性好，不与被测试样发生化学反应；能牢固地附着于载体上，并形成均匀和结构稳定的薄膜。

11. 答：载体表面应为化学惰性，没有或只有很弱的吸附性，不能与固定液或试样起化学反应；热稳定性好，表面积大，表面多孔且分布均匀；机械强度好，不易破碎；载体粒度适当，颗粒均匀，形状规则，有利于提高柱效。

三、计算题

1.解 (1) $k_2=t'_{R_2}/t_M=20-1/1=19$

(2) $n_{有效}=16R^2\left(\frac{\alpha_{21}}{\alpha_{21}-1}\right)^2$

而 $\alpha_{21}=t'_{R_2}/t'_{R_1}=20-1/19-1=19/18$

$\therefore n=16\times0.75^2\times\left(\frac{19/18}{19/18-1}\right)^2=3249$

2.解 (1) $f_{H_2O/CH_3OH}=\frac{m_{H_2O}}{m_{CH_3OH,1}}\times\frac{A_{CH_3OH,1}}{A_{H_2O,1}}=\frac{1.8325}{2.3411}\times\frac{2.4}{3.3}=0.5693$

则 $w(H_2O)=\frac{m_{CH_3OH,2}}{m_{样}}\times\frac{A_{H_2O,2}}{A_{CH_3OH,2}}\times f_{H_2O/CH_3OH}=\frac{0.0091}{4.5438}\times\frac{5.8}{1.3}\times0.5693=0.51\%$

3.解

试样全部组分都出峰，采用归一化法定量。

$$w_i=\frac{A_i f'_{i(w)}}{A_1 f'_{1(w)}+A_2 f'_{2(w)}+\cdots+A_n f'_{n(w)}}\times100\%=\frac{A_i f'_{i(w)}}{\sum A_i f'_{i(w)}}\times100\%$$

$$w_{正庚烷}=\frac{9.020\times1.12}{5.100\times1.22+9.020\times1.12+4.000\times1.00+7.050\times0.99}\times100\%=37.0\%$$

$$w_{苯}=\frac{4.000\times1.00}{27.3}\times100\%=14.7\%$$

4.解

$$w_i=\frac{A_i f'_{i(w)}}{A_1 f'_{1(w)}+A_2 f'_{2(w)}+\cdots+A_n f'_{n(w)}}\times100\%=\frac{A_i f'_{i(w)}}{\sum A_i f'_{i(w)}}\times100\%$$

$$w_{丙酮}=\frac{1.63\times0.87}{1.63\times0.87+1.52\times1.02+3.30\times1.10}=21.51\%$$

$$w_{甲苯}=\frac{1.52\times1.02}{1.63\times0.87+1.52\times1.02+3.30\times1.10}=23.50\%$$

$$w_{乙酸丁酯}=\frac{3.30\times1.10}{1.63\times0.87+1.52\times1.02+3.30\times1.10}=55.01\%$$

5.解

(1) $k=\frac{t_R-t_0}{t_0}=\frac{t'_R}{t_0}=\frac{1.58-0.25}{0.25}=5.32$

(2) $V_g=t_0F_0=0.25\times30=7.5$ (mL)

$V_L=\pi r^2L-V_g=3.14\times\left(\frac{0.8}{2}\right)^2\times60.0-7.5=22.6$ (mL)

(3) 由 $k=K\frac{V_L}{V_g}$

得 $K=k\cdot\frac{V_g}{V_L}=5.32\times\frac{7.5}{22.6}=1.76$

(4) $\gamma_{2,1}=\frac{t'_{R_2}}{t'_{R_1}}=\frac{3.43-0.25}{1.58-0.25}=2.39$

6. 解

(1) $n_{eff}=16\left(\frac{t'_{R(2)}}{W_{b(2)}}\right)^2=16\times\left(\frac{16}{1}\right)^2=4096$（块）

(2) $r_{2,1}=\frac{t'_{R(2)}}{t'_{R(1)}}=\frac{16}{13}=1.23$

(3) $\because \quad R=\frac{\sqrt{n_{eff}}}{4}\cdot\frac{r_{2,1}-1}{r_{2,1}}$

$\therefore \quad n_{eff}=16R^2\left(\frac{r_{2,1}}{r_{2,1}-1}\right)^2=16\times1.5^2\times\left(\frac{1.23}{1.23-1}\right)^2=1030$（块）

又 $\frac{n_2}{n_1}=\frac{L_2}{L_1}$ 得 $L=\frac{n}{n_1}\cdot L_1=\frac{1030}{4096}\times3=0.75$（m）

7. 解

$\sum A_i f_i=5.0\times0.64+9.0\times0.70+4.0\times0.78+7.0\times0.79=10.1$

$w_i=\frac{A_i f_i}{\sum A_i f_i}$

于是得各组分的质量分数分别为：

乙醇 34.71%；正庚烷 34.71%；苯 17.19%；乙酸乙酯 30.47%。

8. 解

由 $\frac{m_i}{m_s}=\frac{f'_i A_i}{f'_s A_s}$ 得：

$m_{水}=\frac{f'_i A_i}{f'_s A_s}\cdot m_s=\frac{0.56\times186}{0.59\times164}\times0.0573=0.0617$（g）

环氧丙烷中水的质量分数为：

$w_{水}=\frac{m_{水}}{m_{环}+m_{水}}\times100\%=\frac{0.0617}{5.869+0.0617}\times100\%=1.05\%$

模块二

一、单选题

1. B 2. A 3. C 4. C 5. D 6. D 7. C 8. D 9. C 10. A 11. B 12. C 13. B 14. B 15. D

二、简答题

1. 答：(1) 气相色谱的流动相载气是色谱惰性的，不参与分配平衡过程，与样品分子无亲和作用，样品分子只与固定相相互作用。而在液相色谱中流动相液体也与固定相争夺样品分子，为提高选择性增加了一个因素。也可选用不同比例的两种或两种以上的液体作为流动相，增大分离的选择性。

(2) 液相色谱固定相类型多，如离子交换色谱和排阻色谱等，作为分析时选择余地大；而气相色谱是不可能的。液相色谱通常在室温下操作，较低的温度，一般有利于色谱分离条件的选择。

(3) 由于液体的扩散性比气体的小，因此，溶质在液相中的传质速率慢，柱外效应就显得特别重要；而在气相色谱中，柱外区域扩张可以忽略不计。

（4）液相色谱中制备样品简单，回收样品也比较容易，而且回收是定量的，适合于大量制备。但液相色谱尚缺乏通用的检测器，仪器比较复杂，价格昂贵。在实际应用中，这两种色谱技术是互相补充的。

2.答：被分离混合物由流动相液体推动进入色谱柱。根据各组分在固定相及流动相中的吸附能力、分配系数、离子交换作用或分子尺寸大小的差异进行分离。

3.答：在分离过程中使两种或两种以上不同极性的溶剂按一定程序连续改变它们之间的比例，从而使流动相的强度、极性、pH 值或离子强度相应地变化，达到提高分离效果、缩短分析时间的目的。

4.答：避免了液体固定相流失的困扰，还大大改善了固定相的功能，提高了分离的选择性，化学键合色谱适用于分离几乎所有类型的化合物。

5.（1）高纯度　由于高效液相色谱灵敏度高，对流动相溶剂的纯度也要求高。不纯的溶剂会引起基线不稳，或产生“伪峰”。

（2）化学稳定性好。

（3）溶剂对于待测样品，必须具有合适的极性和良好的选择性。

（4）低黏度（黏度适中）　若使用高黏度溶剂，势必增高压力，不利于分离。常用的低黏度溶剂有丙酮、甲醇和乙腈等；但黏度过低的溶剂也不宜采用，例如戊烷和乙醚等，它们容易在色谱柱或检测器内形成气泡，影响分离。

（5）溶剂与检测器匹配　对于紫外吸收检测器，不能用对紫外光有吸收的溶剂；用荧光检测器时，不能用含有发生荧光物质的溶剂；对于示差检测器，要求选择与组分折射率有较大差别的溶剂作为流动相，以达到最高灵敏度。

应尽量避免使用具有显著毒性的溶剂，以保证工作人员的安全。

模块三

1.在有机化合物结构分析的四大工具中，与核磁共振波谱、红外吸收光谱和紫外可见光谱比较，质谱法具有其突出的特点。

① 质谱法是唯一可以确定分子式的方法。

② 灵敏度高，绝对灵敏度为 $10^{-10}\sim10^{-13}$g，相对灵敏度为 $10^{-4}\sim10^{-3}$；样品用量少，一般几微克甚至更少的样品都可以检测，检出极限可达 10^{-14}g；分析速度快，易于实现自动控制检测。

③ 提供的信息多，能提供准确的分子量、分子和官能团的元素组成、分子式以及分子结构等大量数据。

2.（1）真空系统，质谱仪的离子源、质量分析器、检测器必须处于高真空状态。（2）进样系统，将样品气化为蒸气送入质谱仪离子源中。样品在进样系统中被适当加热后转化为气体。（3）离子源，被分析的气体或蒸气进入离子源后通过电子轰击（电子轰击离子源）、化学电离（化学电离源）、场致电离（场致电离源）、场解吸电离（场解吸电离源）或快离子轰击电离（快离子轰击电离源）等转化为碎片离子。（4）质量分析器，自离子源产生的离子束在加速电极电场作用下被加速获得一定的动能，再进入垂直于离子运动方向的均匀磁场中，由于受到磁场力的作用而改变运动方向作圆周运动，使不同质荷比的离子顺序到达检测器产生检测信号而得到质谱图。（5）离子检测器，通常以电子倍增管检测离子流。

3.（1）分子离子。从分子离子峰可以确定分子量。（2）同位素离子峰。当有机化合物中含有 S、Cl、Br 等元素时，在质谱图中会出现含有这些同位素的离子峰，同位素峰的强度比与同位素的丰度比相当，因而可以用来判断化合物中是否含有某些元素（通常采用 M+2/M 强度比）。(3) 碎片离子峰。根据碎片离子峰可以阐明分子的结构。另外尚有重排离子峰、两价离子峰、亚稳离子峰等都可以在确定化合物结构时得到应用。

4. 利用分子离子峰可以准确测定分子量。

高分辨质谱仪可以准确测定分子离子或碎片离子的质荷比，故可利用元素的精确质量及丰度比计算元素组成。

5. 实现 GC-MS 联用的关键是接口装置，起到传输试样、匹配两者工作气体的作用。

6. GC-MS 中气相色谱是混合物分离的处理器，而质谱则是气相色谱分离成分的检测器。两者的联用不仅获得了气相色谱中各分离组分的保留时间、强度信息，同时有质谱中各分离组分的质荷比和强度信息。因此，GC-MS 联用技术的分析方法不但能使样品的分离、鉴定和定量一次快速地完成，还对于批量物质的整体和动态分析起到了很大的促进作用。其主要应用于工业检测、食品安全、环境保护等众多领域，如农药残留、食品添加剂等；纺织品检测，如禁用偶氮染料、含氯苯酚检测等；化妆品检测，如二噁烷、香精香料检测等；电子电器产品检测，如多溴联苯、多溴联苯醚检测等；物证检验中可能涉及各种各样的复杂化合物，气质联用仪器对这些司法鉴定过程中复杂化合物的定性定量分析提供强有力的支持。

液质联用仪（LC-MS）主要可解决如下几方面的问题：不挥发性化合物分析测定、极性化合物的分析测定、热不稳定化合物的分析测定、大分子量化合物（包括蛋白、多肽、多聚物等）的分析测定。总之，液相色谱质谱联用技术（LC-MS）是以质谱仪为检测手段，集 HPLC 高分离能力与 MS 高灵敏度和高选择性于一体的强有力分离分析方法。特别是近年来，随着电喷雾、大气压化学电离等软电离技术的成熟，其定性定量分析结果更加可靠，同时，由于液相色谱质谱联用技术对高沸点、难挥发和热不稳定化合物的分离和鉴定具有独特的优势，因此，它已成为中药制剂分析、药代动力学、食品安全检测和临床医药学研究等不可缺少的手段。

7. 其规则是：当分子式含偶数或不含 N 时，形成分子离子的质量为偶数，含奇数 N 时，形成分子离子的质量为奇数。氧的存在不会影响上述规则。因为组成化合物的主要元素 C、H、O、N、S 及卤素中，只有 N 的原子量为偶数，而化合价为奇数，因此在含有奇数氮时，才形成奇数质量的分子离子。

8. 酮类化合物易发生断裂，有—H 存在时，产生麦氏重排峰，因此，可产生 m/z43，m/z71 和 m/z58（重排）峰，此外分子离子峰 m/z86 有一定强度。

9. 结构为：正癸烷。

10. 分子量为奇数，含奇数个氮原子；(M+2)∶M=3∶1，含 1 个氮原子，$[(M+1)/M]\times 100\approx 1.08$，$(0.54/17.12)\times 100=1.08w$，$\therefore w\approx 3$ 即该化合物的碳原子数大约为 3。根据分子量可知该化合物的可能分子式为：C_3H_4NCl 或 C_2ClNO。(w 为相对强度,%)

11. (1) 不饱和度为：$\Omega=1+14-10/2=10$。

(2) 质谱图上有苯环的特征系列峰 m/z51、77。

(3) 由 772/105=56.5　指出 m/z105−28=77 即 m/z 105、m/z 77。

(4) m/z 105 刚好是分子离子峰的一半，因此该化合物为一对称结构：与不饱和度相符。

12. 图中 $m/z=100$ 的峰可能为分子离子峰，那么它的分子量则为 100。图中其它较强峰有：85、72、57、43 等。

85的峰是分子离子脱掉质量数为15的碎片所得，应为甲基。$m/z=43$的碎片等于M—57，是分子去掉C_4H_9的碎片。$m/z=57$的碎片是$C_4H_9^+$或者是M—Me—CO。以上结构中C_4H_9可以是伯、仲、叔丁基，能否判断？图中有一$m/z=72$的峰，它应该是M－28，即分子分裂为乙烯后生成的碎片离子。只有C_4H_9为仲丁基，这个酮经麦氏重排后才能得到$m/z=72$的碎片。若是正丁基也能进行麦氏重排，但此时得不到$m/z=72$的碎片。因此该化合物为3-甲基-2-戊酮。

参 考 文 献

[1] 丁敬敏，赵连俊，叶爱英.有机分析.3版.北京：化学工业出版社.

[2] 谢召军.校园植物叶绿素提取及薄层色谱法分离实验.实验室科学，2017，20（4）：7-10.

[3] 张裕平，李英，崔乘幸.色谱分析（双语版）.北京：化学工业出版社.

[4] 汪敬武，陶移文.药物分析化学实务.北京：化学工业出版社.

[5] 王炳强，等.仪器分析——色谱分析技术.北京：化学工业出版社，2010.

[6] 吴朝华，等.实用分析仪器操作与维护.北京：化学工业出版社，2015.

[7] 黄一石.分析仪器操作技术与维护.2版.北京：化学工业出版社，2013.

[8] 专业技能抽查题库.湖南省高等职业院校工业分析技术专业.

[9] 华东理工大学化学系等.分析化学.5版.北京：高等教育出版社，2003.

[10] 王伟，等.色谱分析（双语版）.北京：化学工业出版社，2016.

[11] 丁立新.色谱分析.北京：化学工业出版社，2019.

[12] 孟哲，等.现代分析测试技术及实验.北京：化学工业出版社，2019.